JN291450

海洋観測入門

柳 哲雄 著

恒星社厚生閣

海洋観測入門　目　次

第1章　はじめに ……………………………………………… 7
第2章　海洋観測の分類 ……………………………………… 11
第3章　海洋観測の歴史 ……………………………………… 13
 3-1　チャレンジャー号 …………………………………… 13
 3-2　メテオール号 ………………………………………… 15
 3-3　日本における初期の海洋観測 ……………………… 16
第4章　船舶観測 ……………………………………………… 17
 4-1　GPS …………………………………………………… 19
 4-2　CTD …………………………………………………… 23
 4-3　採水器 ………………………………………………… 24
 4-4　採泥器 ………………………………………………… 26
 4-5　プランクトンネット ………………………………… 27
 4-6　観測精度 ……………………………………………… 29
第5章　観測塔・ブイ ………………………………………… 33
 5-1　検潮所 ………………………………………………… 33
 5-2　海洋観測塔 …………………………………………… 34
 5-3　係留ブイ ……………………………………………… 37
 5-4　漂流ブイ ……………………………………………… 39
 5-5　中層フロート ………………………………………… 39

第 6 章　係留系 … 45

- 6-1　係留系の設計 … 47
- 6-2　流速計 … 48
- 6-3　セディメントトラップ … 49
- 6-4　水中自動昇降装置 … 50

第 7 章　曳航体・海中ロボット … 53

- 7-1　曳航体 … 53
- 7-2　海中ロボット … 55
  - 7-2-1　有索海中ロボット … 55
  - 7-2-2　自航式海中ロボット … 56

第 8 章　リモートセンシング … 59

- 8-1　電磁波によるリモートセンシング … 59
  - 8-1-1　能動型センサー … 60
  - 8-1-2　受動型センサー … 63
- 8-2　海底ケーブルを用いたリモートセンシング … 63
- 8-3　GEK … 65
- 8-4　音波によるリモートセンシング … 66

第 9 章　HFレーダー … 67

- 9-1　流れの解析 … 69
- 9-2　波浪の解析 … 71

第 10 章　ADCP … 73

- 10-1　測定原理 … 74
- 10-2　船底設置型 … 78
- 10-3　曳航型 … 79
- 10-4　係留型 … 81

10-5　海底設置型 ……………………………………… 82
　　10-6　水平型 …………………………………………… 82
　　10-7　LADCP ………………………………………… 83
　　10-8　潮流成分除去法 ……………………………… 84
第 11 章　音響トモグラフィ ………………………………… 85
　　11-1　二次元 …………………………………………… 86
　　11-2　三次元 …………………………………………… 88
　　11-3　流速測定 ……………………………………… 89
第 12 章　おわりに …………………………………………… 93
　参考文献 ……………………………………………………… 97

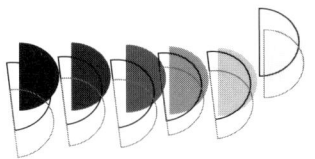

第1章

はじめに

　人類による化石燃料（石油・石炭）の使用が主な原因で，大気中の二酸化炭素濃度が増加し，その温室効果によって地球の平均気温が上昇するという地球温暖化問題に対して，海洋が重要な役割を果たすことが指摘されている．海洋の熱容量が大気のそれの約千倍であるが故に，平均気温の上昇に関連した海水温の上昇が気候を大きく変化させるからである．そのような直接的な熱的影響のみならず，海水温の変化は海洋・大気間の二酸化炭素のやりとりにも大きな影響を与え，大気中の二酸化炭素濃度の変動にも重要な役割を果たす．

　それゆえ，世界全体の海洋の状態とその変動を明らかにするという海洋観測の科学的・社会的重要性はますます増大し，近年WOCE（World Ocean Circulation Experiment；世界海洋循環実験），CLIVAR（Climate Variability and Predictability；気候変動とその予測可能性），IGBP（International Geosphere-Biosphere Programme；国際地圏生物圏研究計画）など様々な国際海洋観測プロジェクトが組織され，実行されてきた．

　このような外洋の海洋環境問題のみならず，陸近くの沿岸海域においても，富栄養化に伴う赤潮や貧酸素水塊の発生，環境ホルモンによる海洋生物異変の問題など，海洋観測を行って，問題解決のための適切な対応策を立案することが必要とされる，沿岸海洋環境問

題も多く存在する．

　しかし，人類は基本的には陸上の生物なので，私たちの生活の場ではない海洋中で何がどのように起こっているのかを正確に把握することは容易ではない．海洋中で起こっていることを定量的に明らかにするために，広大な海洋中の多くの観測点で，短い時間間隔の観測を，同時に繰り返し行うためには膨大な予算が必要となる．

　したがって，許された予算の範囲内で最も効果的な観測計画を立案し，それをできるだけ長時間継続することが，地球環境変動に関連した海洋の状態の時間・空間変動特性を正確に把握していくうえで，最も重要となる．そのような合理的な海洋観測計画を立案するためには，どのような手段を用いればどのような観測を行うことが可能なのか，現在の海洋観測の全容をまず理解しておかなければならない．

　海洋観測の歴史はそれほど古くはない．しかし，ここ十数年の海洋観測技術の発達は目覚ましく，人工衛星からのリモートセンシング技術を初めとして，私が学生の頃には全く思いもよらなかったような手法で海洋観測が行われるようになってきた．同時に海洋観測により得られるデータ量も膨大となり，観測技術の進歩とともに，データ処理・解析技術も大きく進歩してきた．

　その分，素人が最新の海洋観測の全体を理解することが困難になりつつある．素人のみならず，海洋の専門家でさえ，少し専門分野が異なると，新しい観測技術の内容を理解することが困難なほど，近年の海洋観測技術の発達は目覚ましい．

　しかし，先述したように地球環境問題に対する海洋観測の重要性を考えると，なるべく多くの人が現在の海洋観測の実態を理解しておくことが望ましい．

　そこで，初心者にもわかりやすいように，筆者の経験をもとに，

現在の海洋観測の全体像を俯瞰できる書物をまとめて見ようと思い立った次第である．

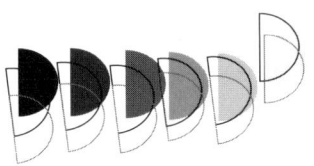

第 2 章

海洋観測の分類

現在の海洋観測全体の見取り図は図 2-1 に示すようである．

海洋観測を大別すると，水温や塩分など目的とする海洋の性質を観測するためのセンサー（測器）を，対象とする海洋の目的の地点の，目的の水深にまでもっていき，観測する直接計測（direct sensing）と，遠方の地点から電磁波や音波を，目的とする地点の海面や海中に発射し，対象からの反射波や直接波などを受信し，受信波の性質を解析して目的とする海の性質を観測する遠隔計測（リモートセンシング；remote sensing）とがある．

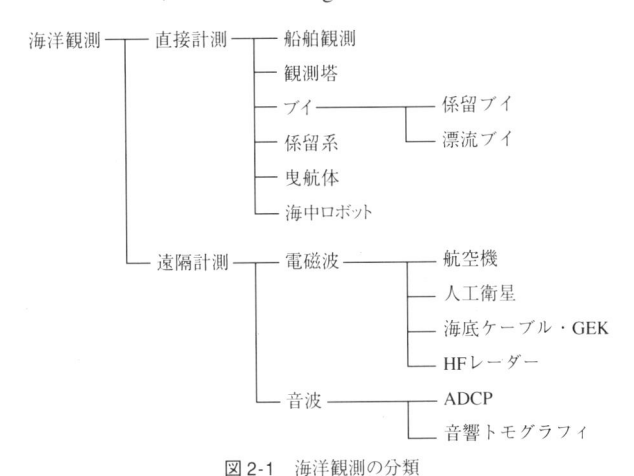

```
海洋観測 ─┬─ 直接計測 ─┬─ 船舶観測
         │            ├─ 観測塔
         │            ├─ ブイ ─┬─ 係留ブイ
         │            │       └─ 漂流ブイ
         │            ├─ 係留系
         │            ├─ 曳航体
         │            └─ 海中ロボット
         └─ 遠隔計測 ─┬─ 電磁波 ─┬─ 航空機
                      │          ├─ 人工衛星
                      │          ├─ 海底ケーブル・GEK
                      │          └─ HFレーダー
                      └─ 音波 ──┬─ ADCP
                                 └─ 音響トモグラフィ
```

図 2-1　海洋観測の分類

直接観測を行う場合はセンサーを設置するプラットフォームにより，観測方法をいくつかに分類できる．最も歴史が古いのは観測船を目的の海域の地点まで運行し，目的の深さまでワイヤーを使ってセンサーを垂下して，観測を行う方法である．次に目的の海域に観測塔を設置し，その塔にセンサーを固定して，観測する方法である．さらに海面ブイを係留し，そのブイにセンサーを設置して，観測を行う方法もある．またブイを固定しないで，漂流させ，時々刻々変化する場所の水温や塩分などを観測する方法もある．また海中に係留線を設け，任意の深さの水温，塩分，流速などを観測し，一定時間後に係留系を回収して，観測データを得るという方法もある．さらに曳航体や海中ロボットにセンサーを載せて，目的の場の観測を行う場合もある．

　遠隔計測は電磁波や音波を発信・受信するプラットフォームの種類よって，観測方法を分類できる．まず航空機や人工衛星をプラットフォームとして海面からの電磁波を受信して水温，海色などを観測する方法がある．さらに地上のある点に設置したアンテナから高周波の電磁波を発信し，海面での反射波を受信して，海面付近の流向・流速，波高・波の周期などを計測する HF レーダーを用いた観測がある．また海面や海底から音波を発信し，海中の微小物体の反射波のドップラー効果を利用して，海中の流向・流速の鉛直分布を観測する ADCP（Acoustic Doppler Current Profiler，音響ドップラー流速分布計），ある地点から発信した音波を別の地点で受信して，両地点間の水温や流速・流向の水平・鉛直分布を明らかにする音響トモグラフィなどがある．近年，特に技術開発が急速なのは，この遠隔計測の分野である．

　以下の各章では，まず海洋観測の歴史を振り返り，その後，図 2-1 に示したそれぞれの観測技術の内容について詳述する．

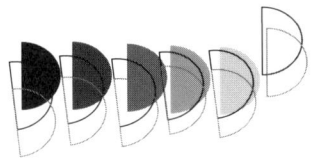

第3章

海洋観測の歴史

この章では近代的な海洋観測の歴史を簡単に振り返ってみよう．

3-1 チャレンジャー号

　近代的な海洋観測が1872～76年のイギリスのチャレンジャー号による世界一周探検航海により開始されたことは衆目の一致するところである．

　コロンブスのアメリカ大陸発見（1492）以降，マゼランの世界一周成功（1522），3度に亘るキャプテン・クックによる世界一周と多くの新領土の発見（1779）などを受け，当時，世界の海洋に関する知識は広まり，ビーグル号航海（1831～36）に基づいて書かれたダーウインの「種の起源」は1859年に大ベストセラーになった．

　このような海洋への興味の深まりとともに，1840年にはドーバー海峡に海底電線が敷設され，1866年にはニューファンドランドからアイルランドまで大西洋横断海底電線が敷設されるなど，実用面からも海洋の利用が進み，海底性状を含む詳細な海洋情報が必要とされていた．

　そのような時代背景のもと，当時世界の盟主を任じていたイギリ

スは，海洋科学の指導的地位を確かなものとするため，補助蒸気機関をもつ帆船チャレンジャー号（2,300トン）による世界一周探検航海を行うことを決定した．

図3-1に示した航路に沿って200海里（1海里は1,853 m）毎に設けられた各観測点ではおよそ1日がかりで，測深，採泥，採水，生物採取などが行われた．この航海で用いられた海洋観測器具は以下のようなものであった．

天体測量に基づき観測点に着くと，まず編鋼索を用いて測深を行う．水温計で水温の鉛直分布を計測，採泥管を用いて底質を採取し，採水器を用いて様々な深さの海水を採取，トロールネットにより，中層，深層の生物を採取した．このような各観測点での観測作業を通算6年間積み重ねて，チャレンジャー号は，おびただしい数の底質，海水，生物サンプルをイギリスに持ち帰った．そして，帰港後20年かかって，得られたサンプルの分析が行われ，その結果は全

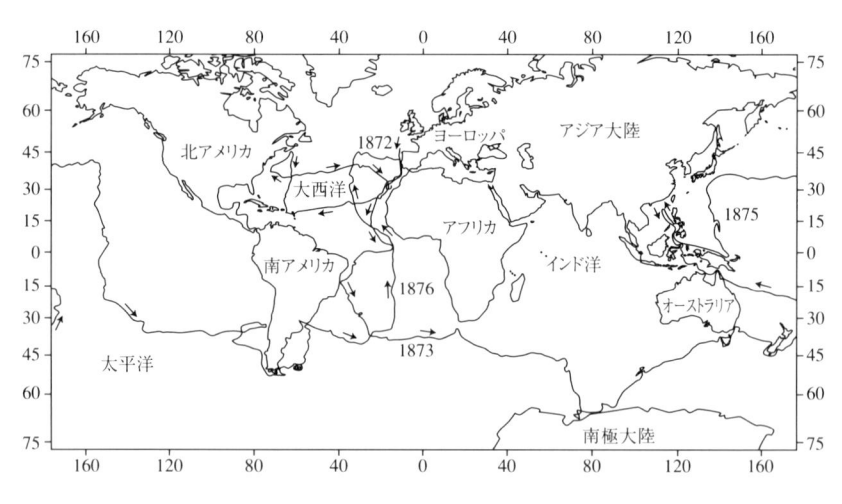

図3-1 チャレンジャー号の航路

50 巻に及ぶ報告書にまとめられた．この探検航海の主な成果は以下のようである．

(1) 地磁気測定により，コンパスの北が地図上の北からずれる偏差の理由を定量的に解明した．
(2) 正確な海底地形図が作成された．
(3) 海面下 170 m 以深では水温の季節変動がほとんどないことを明らかにした．
(4) 塩分の組成比が世界の海で一定であることが明らかにされた．
(5) 表層から深海底までの生物分布が解明された．

これらの研究成果は今日でも海洋学の基礎になっている．

3-2 メテオール号

　チャレンジャー号探検航海に続く科学的な海洋観測航海は，1925～27 年にドイツのメテオール号により大西洋において行われた．この時期ドイツは第一次世界大戦の敗戦国として，経済的にも疲弊していたが，この難局を乗り切るには科学振興による以外はないという挙国的な意志統一のもと，軍艦メテオール号を用いた大西洋の科学調査が企画されたのである．チャレンジャー号探検航海との主な違いは，この研究航海が代表者であるベルリン大学メルツ教授（エクマン・メルツ流速計で有名）の大西洋大循環理論を確かめるために計画されたことである．すなわち仮説検証型の研究航海であった．残念ながらメルツ自身は航海途中のアルゼンチンで客死してしまうが，後を嗣いだデファント教授（海洋物理学の大著により有名）により，当初の目的は達成された．

　この研究航海の結果は全 16 巻の報告書にまとめられているが，

内部波の発見，水塊の三次元構造の解明などが特筆すべきものである．

3-3 日本における初期の海洋観測

　日本における科学的な海洋観測は海軍水路部により始められた．柳　楢悦（ならよし）（有名な民芸家である柳　宗悦（むねよし）の父）は長崎の海軍伝習所で勝　海舟らとオランダ式の航海術を学び，明治になってからは英国海軍に海洋測量技術を学び，以後，日本各地の港の測量をして，海図を作成した．彼は 1885（明治 19）年創立された初代海軍水路部長として，日本の海洋測量（水深，底質，海流，潮汐，潮流，波浪，海氷などの観測）の基礎を築いた．

　一方，内務省地理局の測量課気象掛（現在の気象庁）の和田雄治はアメリカの M. F. Maury の「物理海洋地理学」に刺激を受けて，日本近海の海流調査を思い立ち，1913～17 年，日本近海に 13,357 本の漂流ビンを投入，22％の 2,990 本を回収，その結果をまとめて，日本近海海流図を著した．

　また農林省水産講習所の北原多作（北原式採水器や潮目の法則で有名）は水産海洋調査を系統的に行うことの重要性を力説して予算獲得に成功し，1909 年から「漁業基本調査」として，北原式採水器，北原式採泥器，北原式プランクトンネット，丸川式採泥器，神谷式ドレッジなど北欧の海洋観測器具に改良を加えた国産の器具を用いた組織的な科学的水産海洋調査を開始した．

　なお，海洋観測の歴史に関してもっと詳しいことを知りたい方は，宇田道隆（1978）「海洋研究発達史」，海洋科学基礎講座・補巻，東海大学出版会，331 頁を参照されたい．

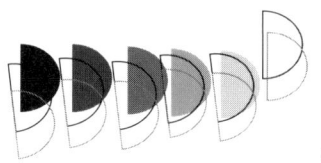

第4章

船舶観測

　現在もなお船舶を用いた観測は海洋観測の主流を占めているが，観測船による観測は手間・暇・金がかかりすぎることに問題がある．例えば，東京とサンフランシスコの間の北太平洋の水温・塩分断面観測を経度1度毎に行おうとすれば，巡航速度10ノット（約5 m/sec）の観測船を用いると，東京からサンフランシスコに行くだけで19日かかる．さらに各測点において CTD（Conductivity Temperature Depth profiler；伝導度水温水深計）観測を行うが，CTD のケーブルの繰り出し速度は1 m/sec 程度でないと，正確な水温・塩分の鉛直分布が観測できないので，5,000 m の海底付近までの CTD 観測を行えば，CTD を海底付近まで下ろすだけで約1時間半かかる．ワイヤーの巻き上げ速度は高々2 m/sec 程度なので，ワイヤーの巻き上げに約40分を要する．すなわち CTD 観測を行うだけで，準備や後片付けを含めると1点約2時間半の観測時間が必要となるのである．これに測点数130をかけると，観測時間だけで計14日が必要となり，結局，東京−サンフランシスコ間の水温・塩分の鉛直断面分布を観測するだけで1ヶ月余りの時間が必要となる．もちろん同時に採水や他の観測項目が加わると，観測時間はもっと長くなる．このような時間の問題ばかりでなく，観測船の運航には膨大な予算と人手が必要となる．

通常観測船を用いて海洋観測を行う場合には測点到着後，まずCTDを用いて水温・塩分の鉛直分布が観測される．

さらにCTDに搭載されたロゼット採水器（図4-1）を用いて，水温・塩分の鉛直分布を確かめながら，目的とする水塊内で採水を行い，得られた試水を用いて船上で化学分析や検鏡を行うことが普通である．

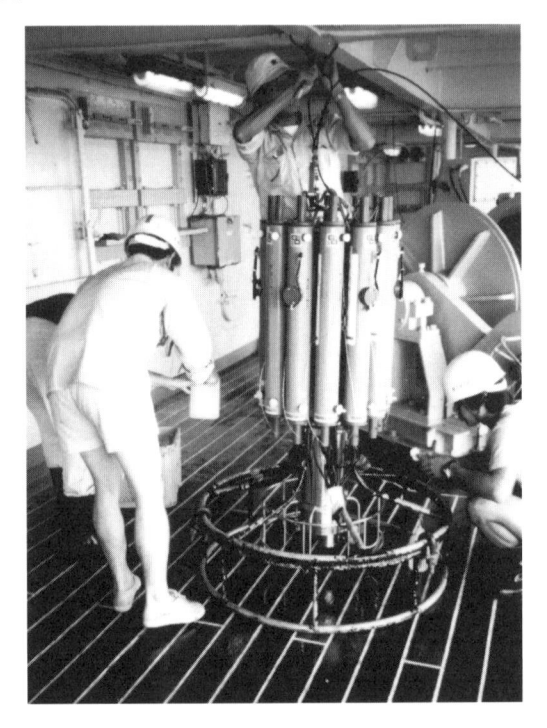

図4-1　CTDとロゼット採水器

さらにプランクトンネットなどを用いて，プランクトンの採集を行ったり，採泥器を用いて底質の採取が行われたりする．

先述したように，観測船を用いた海洋観測は非常に時間がかかる

ために，観測船は昼夜を問わず航行し，観測点に着いたら夜中でも直ちに観測が行われる．それゆえ，船員・観測員とも，0～4時，4～8時，8～0時にように3交代制のワッチ（watch；見張り）を組んで，自分自身の観測目的とは関係なく，自分のワッチの時間内の他の人の仕事や観測をすべて手伝うという体制が組まれる．したがって，長期間海洋観測船に乗船して，観測に従事していると，曜日はもちろん，昼夜の間隔も次第にぼやけてきて，しばらくぶりに上陸すると，陸上の生活時間に復帰するのにしばらく時間を要することがある．

　以上のような専用の海洋観測船を用いた観測の他，フェリーやコンテナ船の船底にADCPを設置して，航路に沿った流向・流速断面分布を定期的に観測することや，商船に依頼し航路に沿ってXBT（eXpendable Bathy-Thermograph：使い捨て水温水深計）を投下してもらい，水温鉛直分布を観測するなど，VOS（Voluntary Observation Ship：篤志観測船）による海洋観測も盛んに行われている．

　以後の各節で船舶観測と関連の深い，近年開発された主な海洋観測技術の開発について紹介する．

4-1 GPS

　かって洋上の船舶の位置出し（測位）は天文測量により行われていた．すなわち，北極星の高度で緯度を求め，特定の星が水平線上に現れる時間や沈む時間を正確な時計を用いて測って，経度を算出したのである．その精度は1マイル程度であった．その後，陸上の2つの送信局からの電波の到達時間の差から測位する双曲線航法（Loran，オメガ，デッカなど）が普及した．沿岸海域で煙突や山

頂などの目標物が目視できる沿岸海域の場合には六分儀と三竿分度器を用いた測位が一般的であった．

しかし，軌道のわかっている複数の人工衛星からの距離を測定し，自らの位置を出す NNSS（Navy Navigation Satellite System）が登場して，外洋の測位の精度は著しく向上した．アメリカ海軍とジョンズホプキンス大学により開発され，当初軍事目的に限られていた NNSS は 1967 年には一部民間にも開放された．

その後，NNSS と同様に人工衛星を用いるものの，衛星そのものも，測位原理も異なる GPS（Global Positioning System：全球測位システム）をアメリカ海軍・空軍，NATO（北大西洋条約機構）などが共同開発を開始して，外洋の測位は一変した．GPS は NNSS の欠点であった連続的な測位ができない，航空機などの高速走行体では使用できないという問題点を解消すべく開発が行われた．

GPS はもともとアメリカで軍事目的で開発されたシステムで，正式名は NAVSTAR GPS（NAVigation System with Time And Ranging GPS）と呼ばれ，1972 年に開発が開始された．1978 年から 1985 年にかけてプロトタイプの衛星が打ち上げられ，軍事使用が開始された．GPS の精度は，深夜，戦闘機から陸上の目標物への正確な爆撃を成功させた 1990 年の湾岸戦争で一躍有名になったが，1983 年には意図的に雑音を混ぜて精度を落とした民間使用も開始され，洋上でも 100 m 以内の精度で測位が可能になった（ちなみに軍事用のものは 40 m 程度の精度がある）．1994 年に GPS 用の 21 機の人工衛星打ち上げが終了した．

衛星と受信装置で完全に同期した原始時計等の安定性の高い時計を備え，規定の時間に衛星から送信される伝播の到来時間を受信装置側が測定すれば，送受信点間の距離がわかる．あらかじめ位置のわかった最低 2 つの衛星からの距離を半径とする球面をかき，受信

装置のある地球面と，計3つの球面が交わる交点が自らの位置となる．実際には各受信装置が原子時計など高価な時計をそれぞれ備えることは不可能なので，受信装置には水晶時計の高精度なものを用いて，基本的には衛星の時計と受信装置の時計との差を未知数として，3つの衛星からの距離を測ると，衛星の時計と受信装置の時計の時間差により3つの衛星を中心とするそれぞれの球面は1点では交わらない．そこで，時計の時間差を修正して，各球面の半径を少しづつ変えて，1点で交わるようにすれば，その点が受信装置の位置となる（図4-2）．三次元測位の場合は4つの衛星について同様な操作を行えば，測位が可能となる．

　GPSの誤差は衛星時計の安定性，衛星の摂動，衛星軌道の予測誤差，電離層・対流圏の乱れ，受信機の雑音など様々な要因によりもたらされる．

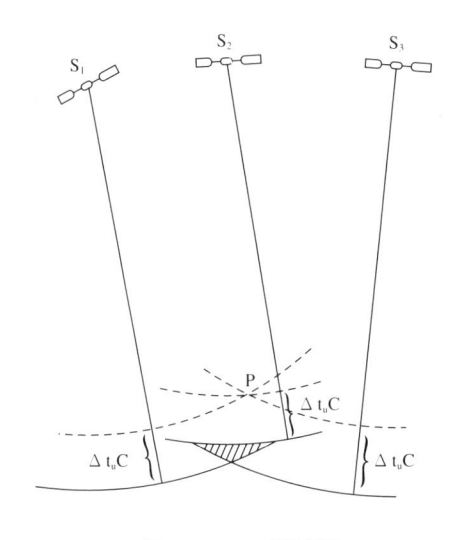

図4-2　GPSの測位原理

GPS の測位精度を向上させる方法の一つとして DGPS（Differential GPS）がある．これは地上の固定点で各衛星からの信号を受信すると，固定点からの信号の振れはすべて誤差となるので，近隣の受信局に対して，この誤差情報を与えれば，正確な信号だけを

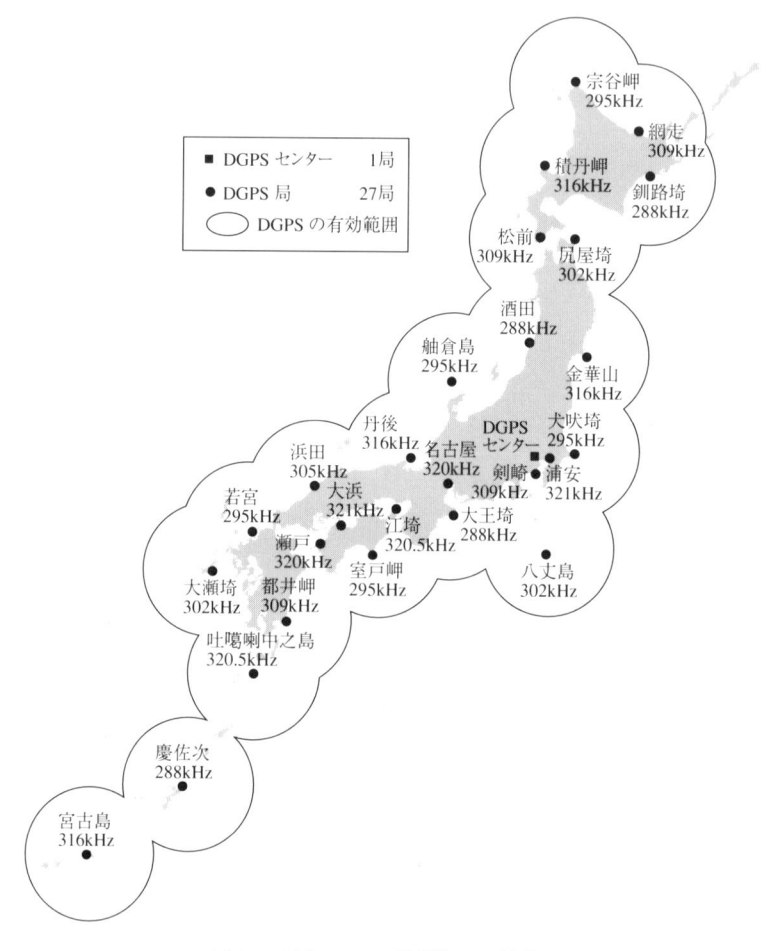

図 4-3　日本の DGPS 局配置および有効エリア

抜き出すことが可能となり，測位精度が向上することを利用したものである．誤差を差分（Difference）として除くという意味でDGPSと呼ばれている．

現在日本周辺は図4-3に示すように海上保安庁によるDGPS局で覆われていて，小笠原諸島周辺を除いて，全国でDGPSシステムが利用可能な状況になっている．このDGPSを利用した車のカーナビが普及していることは周知の通りである．

GPSは後述するADCP観測にとっても必須の観測器具である．

4-2 CTD

CTDは水温・塩分・圧力を連続的に観測する装置である．かってはSTD（Salinity Temperature Depth profiler；塩分水温水深計）と呼ばれ，塩分と水温の鉛直分布を直接観測していたが，水温センサーの時定数が伝導度センサーの時定数よりはるかに大きく，水温変化の急激な深さでは，観測された水温・伝導度の値から電気的に計算して塩分の値を記録すると，大きな誤差がでることが明らかになり，現在では伝導度，水温の観測値を直接記憶し，船上で改めて計算を行って，塩分を算出するという方法が一般的になってきて，測器の名称もCTDとなった．

CTDは通常同軸ケーブルのワイヤーを接続して水中を昇降させる．CTDには蛍光光度計，濁度計，照度計，溶存酸素計などのセンサーを併用することが可能である．

STDが開発される以前はBT（Bathy-Thermograph；水温水深計）と呼ばれる水温と圧力（水深）を連続的に観測する器具が用いられていた．最近ではBTに変わってXBT（図4-4）がよく用いられている．XBTは観測船のみならず，飛行機から投下して広い

海域の表層水温鉛直分布を短時間に観測するようなことも行われている．さらに XCTD（eXpendable Conductivity Temperature Depth profiler；投下式伝導度水温水深計）も商品化されているが，非常に高価なのと，塩分分布は，力学的には水温分布ほど重要ではないのと，既存の観測データから得られた TS 曲線を用いて塩分の値は推定可能なので，余り使われることはない．XBT，XCTD とも流線型のセンサーの先は鉛で，ピンを抜くと保護筒から落下し，海水に着水すると通電して，測定を開始する．プローブとキャニスターの双方から導線を繰り出しながらセンサーは自由落下する．センサーの落下速度が詳細に調べられていて，落下してからの経過時間を深度に変換して，水温，水温・塩分の鉛直分布を測定する．最大観測深度は 1,000 m 程度である．また XBT や XCTD は船を走らせながら観測ができるという利点を有している．

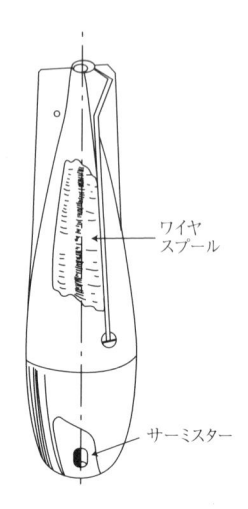

図 4-4　XBT のプローブ

4-3　採水器

　北原多作が考案した北原式採水器はガラス・アクリル製の円筒の上下の蓋がメッセンジャーにより閉まる構造になっていて，人力で容易に上げ下げできる．容量は 1～2 リットルで，水深 100 m 以浅の沿岸海域での採水に用いられる．

　バンドン採水器はプラスチック製の円筒の上下のゴムの蓋をメッセンジャーを使って閉める．ロープの先端に取り付け，人力で上げ

下げできる容量 1.5 リットル程度のものからウインチに支柱を取り付けて扱う容量 20 リットル程度のものまでいろいろな種類のものがある．

ニスキン型採水器は本体・蓋とも塩化ビニールでできているが，基本的な構造はバンドン採水器と同様である（図4-5）．

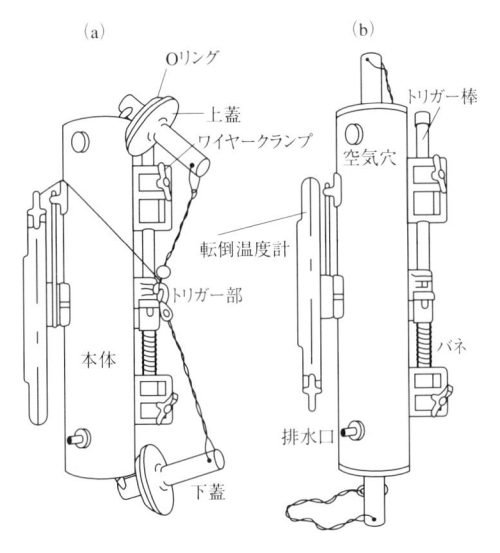

図 4-5 ニスキン採水器．(a) 蓋を開けた状態，(b) 蓋を閉めた状態（蒲生，1993）

外洋での採水においては，かってはワイヤロープに取り付けられたナンセン型転倒採水器が一般的に用いられていたが，金属製のため，サンプルを汚染しやすいという理由で次第に使われなくなってきた．CTD が普及するにつれ，現在ほとんどが CTD に搭載したロゼット採水器で採水が行われる．ロゼット採水器は CTD の上部にニスキン型採水器を通常 12～24 個円形に取り付けたもので，船上のパソコン表示された水温，塩分，濁度，蛍光強度などの鉛直分

布を見ながら，希望する深さで電気信号を送り，採水器の蓋を閉め，採水を行うところが画期的である．ちなみにロゼット（rosette）とは「バラの花弁のように重なり合って放射状に」という意味で，General Oceanic 社の登録商標である．

4-4 採泥器

　採泥器には 3 つのタイプのものがある．最も原始的なものはドレッジ型で，円筒を海底に着底させ，船で曳航して表層堆積物を採取する．

　次はエクマンバージに代表されるグラブ型採泥器で，ロープに先端に蓋を開けた状態のバージを取り付け，海底までおろして，メッセンジャーを投下して，蓋を閉め，表層 5〜10 cm 厚さの堆積物をつかみ取る．この採泥器は採泥面積，体積が定量化可能である．底泥が泥の場合はうまく作動するが，砂地などでは砂がグラブに噛んで，完全には閉まらないので，採泥器を海面まで引き上げる間に堆積物がすべて流出し，サンプルが得られないというようなことがよく起こる．エクマンバージは人手で扱うことが可能だが，同じ原理で大型のスミス・マッキンタイヤ採泥器（図 4-6）の場合は，重いのでワイヤーがないと操作不可能である．

　最後のタイプはコアーサンプラ（柱状採泥器）で，自重でコアーを鉛直に貫入させ，厚さ 30 cm 前後のコアーをとるタイプとピストンを用いて，数 m 以上の長いコアーをとる場合がある．コアーの深さ別の分析を行うことにより堆積物の年代変化がわかる．この場合も底質が砂の場合はサンプルがコアーから抜けてしまって，採取できない．

4. 船舶観測　27

図 4-6　スミス・マッキンタイヤ採泥器

4-5 プランクトンネット

200 μm より大きい動物プランクトンや大型珪藻など一部の植物プランクトンはプランクトンネットにより採取する．プランクトンネットには北原式ネット（口径 24.2 cm，ろ過部長 80 cm，編み目 0.11 mm），丸特ネット（口径 45 cm，ろ過部長 80 cm，編み目 0.33 mm）ノルパック（北太平洋標準）ネット（口径 45 cm，ろ過部長 180 cm，編み目 0.33 mm），ORI（Ocean Research Institute：海洋研究所）ネット（口径 160 cm，ろ過部長 600 cm，編み目 1.0 mm）などが標準的に用いられる（図 4-7）．

しかし，小型の動物プランクトンの多い沿岸海域では編み目 0.1

mmのネットを用いることもある．目あい，口径，濾水体積がはっきりしていれば，どのようなネットを使っても一応構わない．

200μmより小さい植物プランクトンや小型動物プランクトンは採水により採取するが，採水後，顕微鏡でプランクトンを計測するには以下の2つの方法がある．

(1) 赤潮など植物プランクトン密度が高い場合や，固定によって細胞が破壊される植物プランクトンを対象とする場合にはそのまま海水試料を処理せずに検鏡する．
(2) 濃縮してから検鏡する場合

濃縮法には普通，次の3つの方法がとられる．

図4-7　プランクトンネット

①ろ過器で，生海水を濃縮（圧力で植物プランクトン細胞を破壊せぬよう，弱い圧力で吸引し，濾紙上に少量の海水を残した状態で吸引を終わる）．
②遠心分離器で，生海水・固定試料（安達液など植物プランクトン細胞を破壊しにくい固定液で固定した試料）を濃縮．
③静置沈殿法で，固定試料を濃縮（1リットルから200リットルへの濃縮は2日間，以降の段階的な濃縮は1日間づつおくという風に段階的にやる）．

図4-8に観測船を用いた海洋観測の全体像を示す．

4-6 観測精度

　困難な海洋観測を行って様々なデータを得ても，それらのデータの精度が悪いと，せっかくの海洋観測の意味がなくなってしまう．特に国際的な共同研究における海洋データの場合には，データの精度に関する要求度が高くなる．JGOFS（Joint Global Ocean Flux Study：全球海洋フラックス共同研究）ではそのような要望に答え，海洋観測が満足すべき精度に関して冊子をまとめている．日本でもこの冊子の翻訳版が出版されているので，参照されたい．

　　日本海洋データセンター（1999）「全球海洋フラックス合同研究計画における観測・測定手法－日本語翻訳版－」，174頁

　また本書では詳しくは触れない海中測位，測深，音波探査，海洋地質調査，重力・地磁気測定，地殻熱流量測定などに関しては

　　海洋調査技術学会（1995）「海洋調査フロンティア－海を計測する」304頁

を参照されたい．

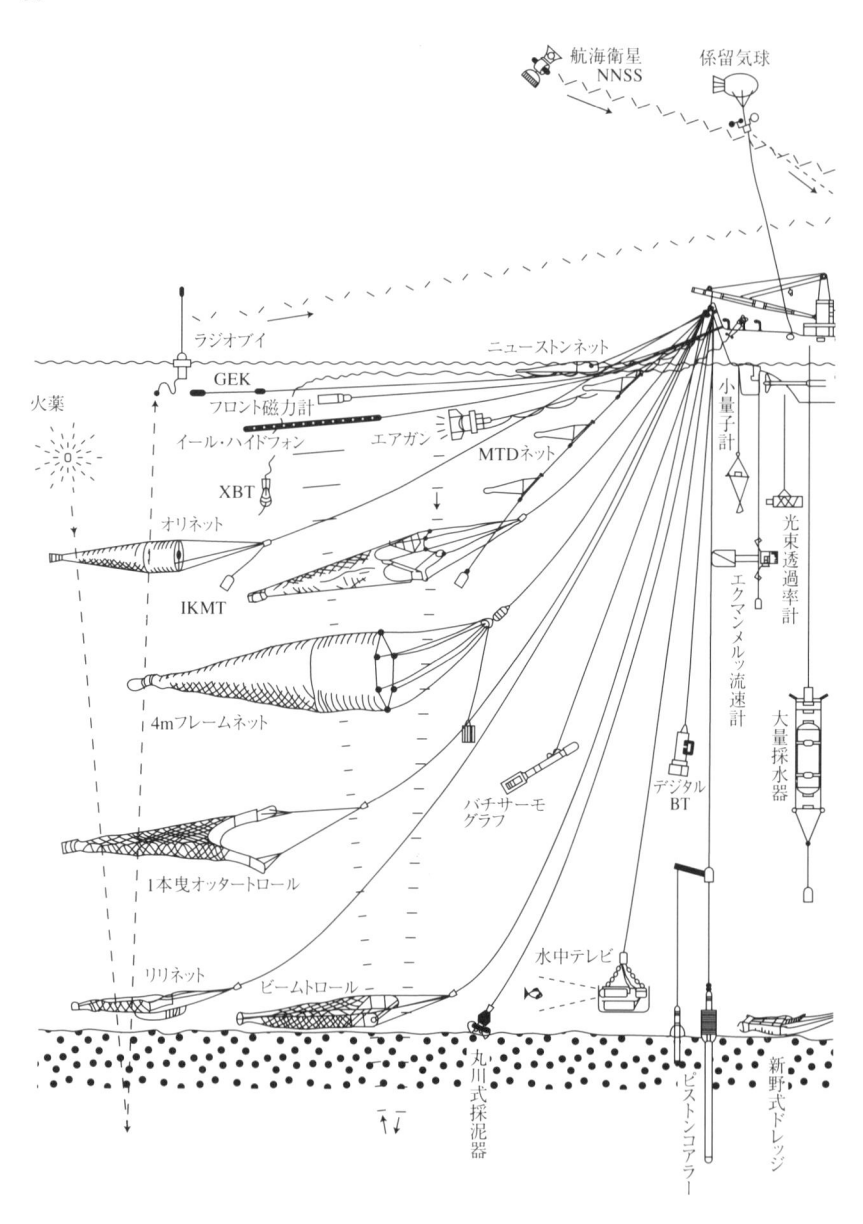

図 4-8 観測船を用いた

4. 船舶観測   31

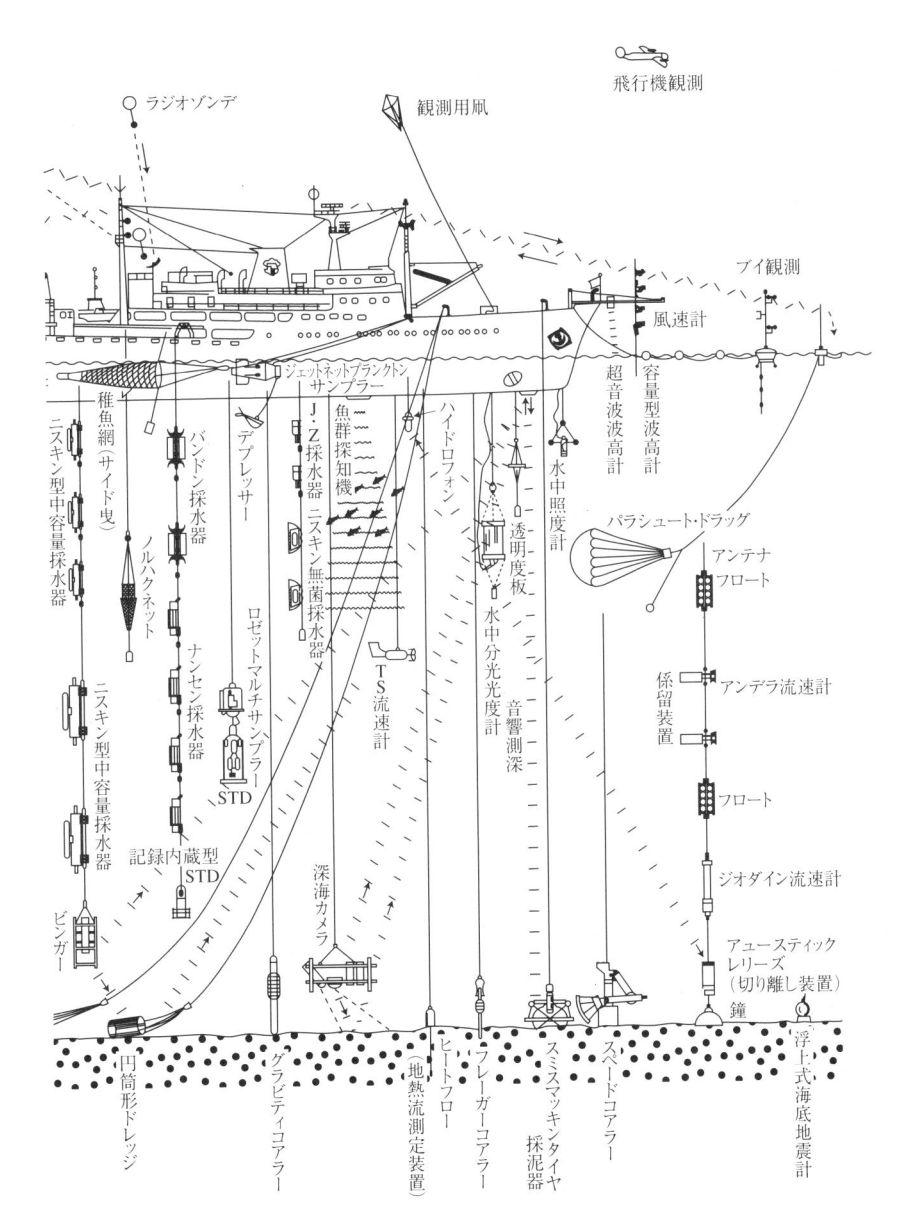

海洋観測（中井，1980）

最後に日本の海洋観測船の歴史と海洋観測の実態を詳しく書いた
中井俊介（1999）「海洋観測物語－その技術と変遷」，成山堂書店，334頁．
の一読をお勧めしたい．

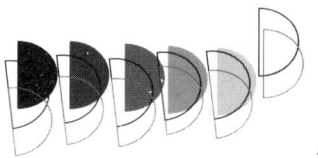

第5章

観測塔・ブイ

　海洋のある1点で海象・気象データを長期間取得する必要がある場合は，観測船で出かけて行って毎回観測するよりも，海洋観測塔・係留ブイなどを設置して，連続観測を行った方が経済的である．さらに最近では，人工衛星を用いたデータ送信システムが発達してきたので，漂流ブイを用いた海洋観測も盛んに行われるようになってきた．

5-1 検潮所

　最も古い固定海洋観測点は，海岸に設けられた検潮所（Tide Gauge Station）である．検潮所は図5-1に示したような構造をしていて，細い導水管で海と通じた井戸内の浮きの上下を歯車で縮小し，記録紙上に水面の上下を記録する．この導水管は海水面の短周期変動を除去し，潮汐によるゆっくりとした海水面変動のみを井戸内に伝える役割を果たしている．逆にこの導水管のために，検潮所では津波のような短周期の海水面変動の振幅が正しく記録されないという問題も生じてくる．しかし，井戸外の海水面変動に対する導水管の応答特性を前もって解析しておけば，回転円筒上に記録された小さい津波振幅から正しい津波振幅を推定することは可能である．

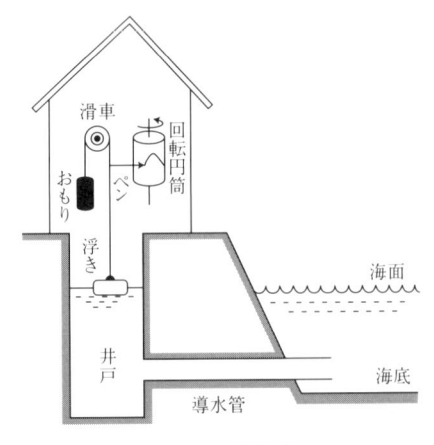

図 5-1　検潮所

　日本沿岸の水路部，気象庁，北海道開発庁管轄の検潮所の位置を図 5-2 に示す．これらの検潮所の毎時の潮位データは JODC (Japan Oceanographic Data Center：日本海洋データセンター) のホームページ http://www.jodc.jhd.go.jp/index_j.html からダウンロードできる．
　なお潮汐を観測するには上に述べた検潮所の他に，ストレインゲージ，ベローズ，水銀などを利用した圧力式検潮器を現場海域に設置して観測する方法もある．

5-2　海洋観測塔

　海洋観測塔を用いた海洋観測は，海洋のある 1 点に海上塔を建設し，その塔に様々なセンサーを設置して，得られたデータを，その塔に設けたデータロガーに保存するか，電波を用いて近くの陸上に置かれた基地まで飛ばして，その基地のデータロガーに保存する

5. 観測塔・ブイ　35

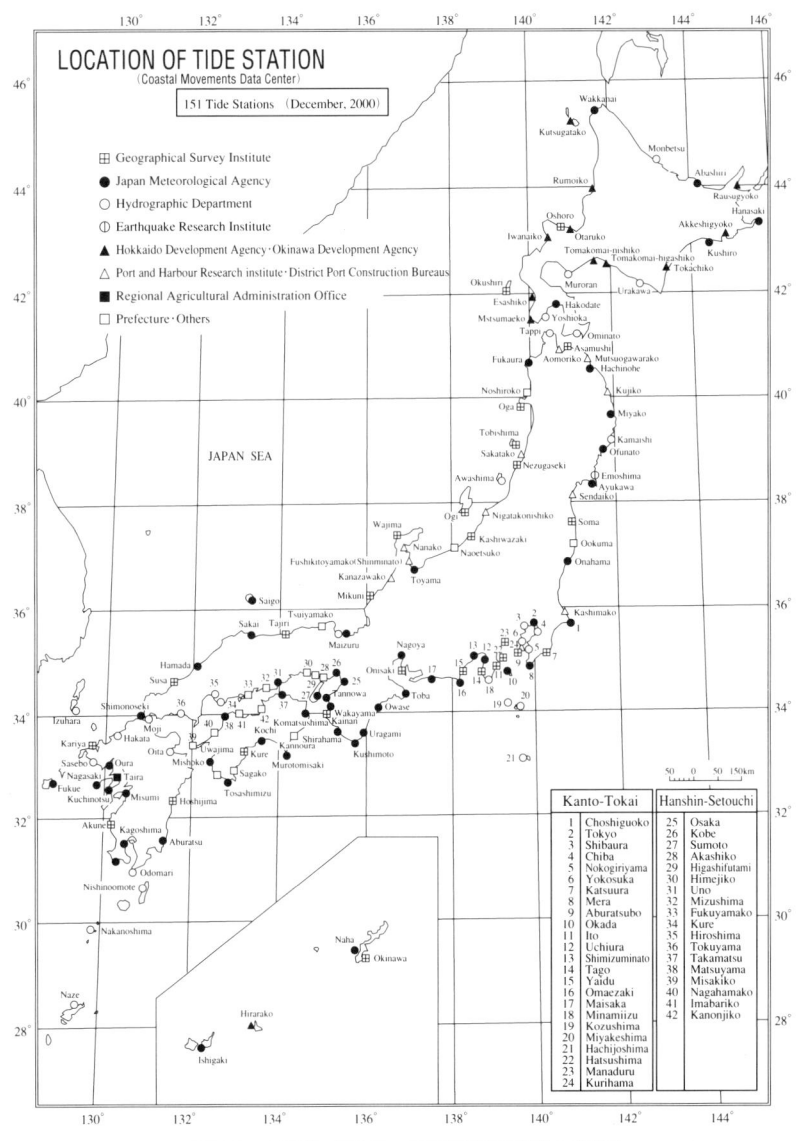

LOCATION OF TIDE STATION
(Coastal Movements Data Center)

151 Tide Stations　(December, 2000)

Legend:
- ⊞ Geographical Survey Institute
- ● Japan Meteorological Agency
- ○ Hydrographic Department
- ◐ Earthquake Research Institute
- ▲ Hokkaido Development Agency・Okinawa Development Agency
- △ Port and Harbour Research institute・District Port Construction Bureaus
- ■ Regional Agricultural Administration Office
- □ Prefecture・Others

	Kanto-Tokai		Hanshin-Setouchi
1	Choshiguoko	25	Osaka
2	Tokyo	26	Kobe
3	Shibaura	27	Sumoto
4	Chiba	28	Akashiko
5	Nokogiriyama	29	Higashifutami
6	Yokosuka	30	Himejiko
7	Katsuura	31	Uno
8	Mera	32	Mizushima
9	Aburatsubo	33	Fukuyamako
10	Okada	34	Kure
11	Ito	35	Hiroshima
12	Uchiura	36	Tokuyama
13	Shimizuminato	37	Takamatsu
14	Tago	38	Matsuyama
15	Yaidu	39	Misakiko
16	Omaezaki	40	Nagahamako
17	Maisaka	41	Imabariko
18	Minamiizu	42	Kanonjiko
19	Kozushima		
20	Miyakeshima		
21	Hachijoshima		
22	Hatsushima		
23	Manaduru		
24	Kurihama		

図5-2　水路部・気象庁・北海道開発庁管轄の検潮所

という形式で行われる．観測・送信のための電源は太陽電池を用いたり，近くの陸上から海底ケーブルを引いて電気を供給したりする．

九州大学応用力学研究所の津屋崎海洋観測塔（図 5-3）は沿岸海域の波浪特性を研究するために 1974（昭和 49）年 10 月に福岡県津屋崎沖 2 km，水深 15 m の海域に設置されたが，現在もなお気温・風向・風速・潮位・水温・波向・波高などの気象・海象データを取得し続け，得られたデータを年報として公開している．

観測塔は 1 辺 8 m の正三角形の櫓構造をしていて，海面から上段ステージまでの高さは 8 m である．それぞれの柱の直径は 91 cm である．1 時間毎に得られた諸データは 452.975 MHz の電波で陸上の基地に電送され，パソコンに保存されている．電源としては太陽電池を用いている．

このような海洋観測塔を維持していくためには，塔のサビ止め，付着生物の除去，センサーの点検など保守・点検作業が欠かせない．

図 5-3　九州大学応用力学研究所津屋崎海洋観測塔

5-3 係留ブイ

　沿岸から遠く離れた外洋の水深数千 m といった場所に，海洋観測塔のような固定構造物を建設することは不可能である．そのような沖合の海洋観測プラットフォームとしては係留ブイが用いられる．

　気象庁は天気予報のため諸データを取得するため，日本沿岸海域の3点に海象観測ブイを設置して，過去20年間気象・海象データを取得し続けてきた（図 5-4）．観測項目は風向・風速・気温・湿球温度・気圧・日射・波高・波周期・海面水温・50 m 水温・100 m 水温である．3時間毎にこれらの要素の観測を行い，静止気象衛星を通じて，気象庁にデータが送信される．電源はバッテリーである．日本海・四国沖のブイは2年毎，東シナ海のブイは台風の通過が多いために1年毎に，横浜まで持ち帰り，保守・点検・修理の後，再度設置された．

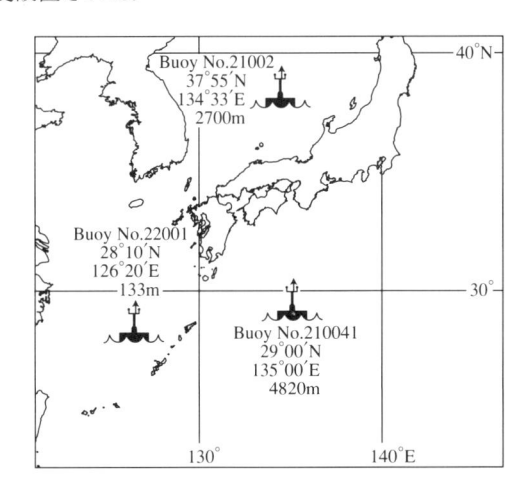

図 5-4　気象庁海洋ブイの位置（鈴木，1993）

しかし，近年衛星観測や漂流ブイによる観測技術が向上して，費用のかかる係留ブイによる観測の意義が薄れ，2000年度末をもって，3個の係留ブイ観測は終了した．

一方，赤道海域では日本の海洋科学技術センターとアメリカのNOAAが協力して，TRITON（TRIangle Trans-Ocean buoy Network）ブイを展開した観測を現在も継続している．このブイは赤道海域の風向・風速・日射・湿度・気温・海面から750 m深までの水温・塩分・流速・流向分布をモニターし，アルゴス衛星経由でデータを送信している（図5-5）．

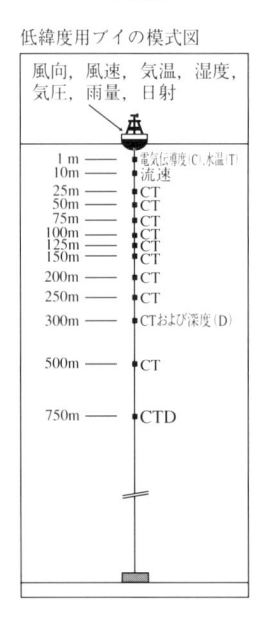

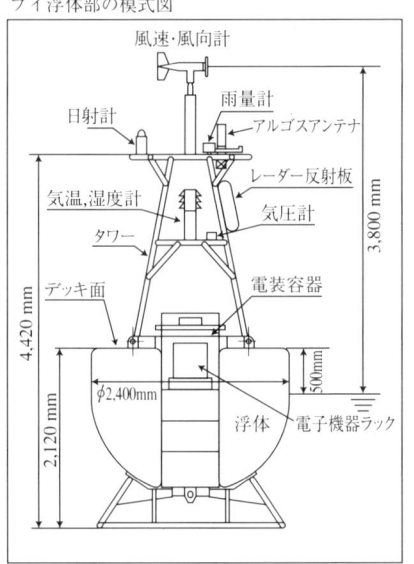

図5-5　トライトン・ブイ（黒田・網谷，2001）

また沖縄県水産試験場では浮き魚礁をかねた係留ブイに水温・流速計を設置し，得られたデータを通信衛星オーブコムを通じて水産試験場に送信し，試験場はそれを編集して，漁協など関係団体にイ

ンターネットを通じて,配信している.

5-4 漂流ブイ

　海面を漂流するブイに様々なセンサーを装備し,その観測値を人工衛星を使って,地上の局に送るというような観測も近年しばしば行われている.最も多用されているのは海中に抵抗体をつけた漂流ブイの位置を人工衛星を用いて追跡し,ラグランジュ的測流を行うというもので,すでに多くの海域で多量のデータが得られている(図5-6).

　気象庁の漂流型海洋気象ブイは気圧・海面水温・波高・波周期の3時間毎の観測データを得て,通信衛星オーブコムを通じて,気象庁にデータを送信する.ブイの寿命を3ヶ月と想定してバッテリーが積み込まれている.このブイは衛星通信の双方向通信機能を活用し,台風などのため,予め設定した有義波高を越えた場合は毎時の観測を行って,台風通過後は3時間毎の観測に復帰するという機能ももっている.観測対象海域の連続的なデータが得られるよう,漂流ブイは適切な間隔で継続的に投入される.またこのブイは観測終了後に回収することは困難なので,ブイの材質はプラスチックではなく,環境に悪影響を及ぼしにくいアルミ合金が採用されている(上井,2000).

5-5 中層フロート

　ALACE(Autonomous Lagrangian Circulation Explorer)は漂流ブイ型測器の一種であるが,投入前に測器の密度を正確に決定しておいて,所定の深度(密度)を漂流し,ブイの下部に設置された

バルーンの油を出し入れして，浮力を調整し，上下する仕組みになっている．さらにALACEは予め設定された時間（例えば10日）毎に海面まで浮上して，衛星に自らの位置を送信し，再び漂流層に

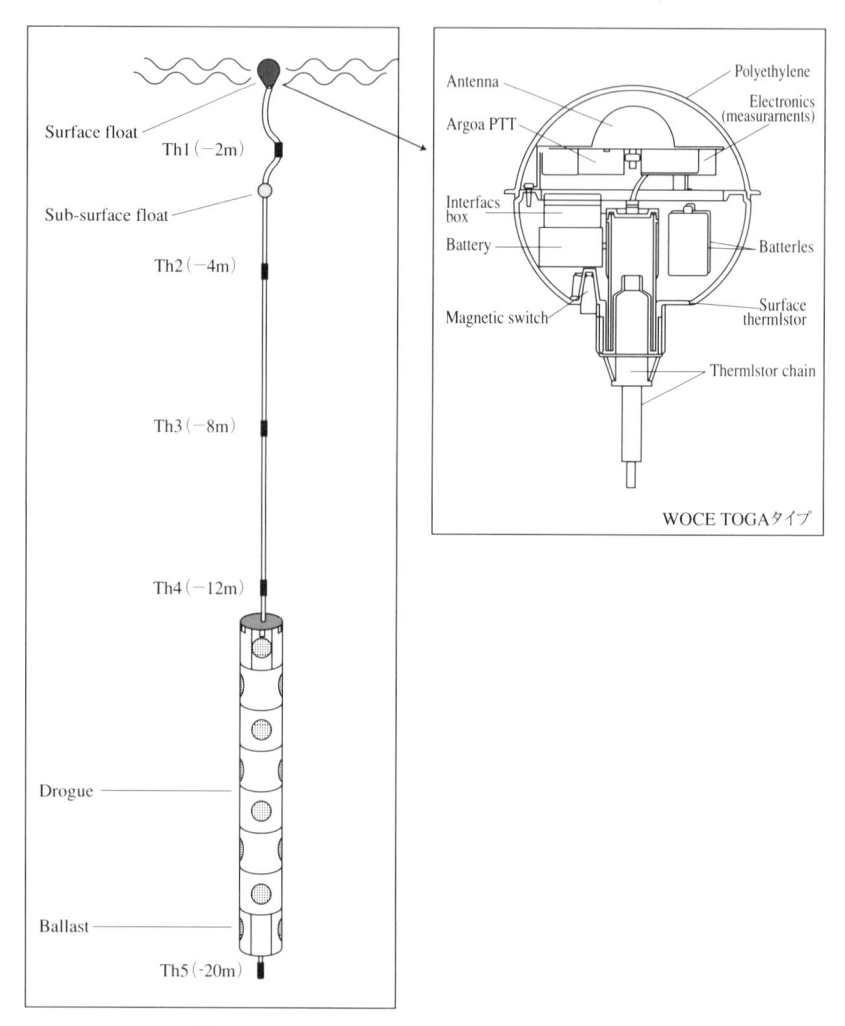

図 5-6　WOCE/TOGA タイプのサーミスタ付き漂流ブイ

戻る．浮上した位置間の距離と時間から漂流層の流動が観測できるわけである．

さらに PALACE（Profiling-ALACE）はブイが浮上する際に水温，塩分，深度を測定し，そのデータを衛星を介して陸上局に送信する．したがって，PALACE を用いれば，中層の流動のみならず，表層の水温・塩分の鉛直分布も観測可能である（図5-7）．2000〜2001 年，日本海ではアメリカのワシントン大学が約 40 個の PALACE を漂流させて，多量のデータを取得した．

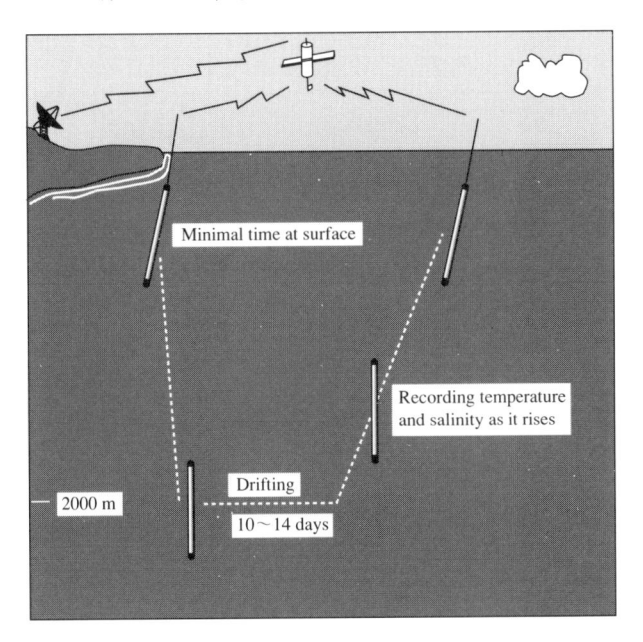

図5-7　PALACE ブイ

アルゴ（Argo）計画はこの PALACE ブイを世界中に 3,000 個漂流させ（図5-8），10 日毎に浮上させて，人工衛星を経由してデータを送り，世界中の海洋の表層（2,000 m 以浅）の成層状態の変

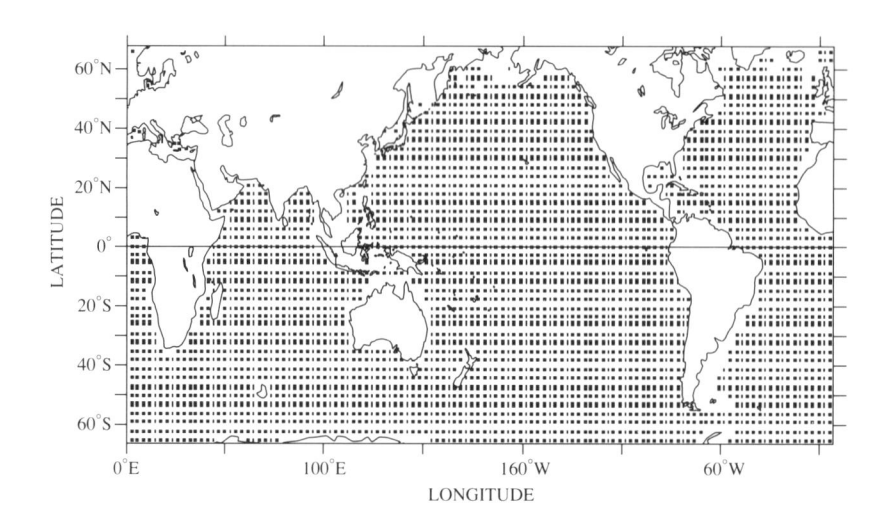

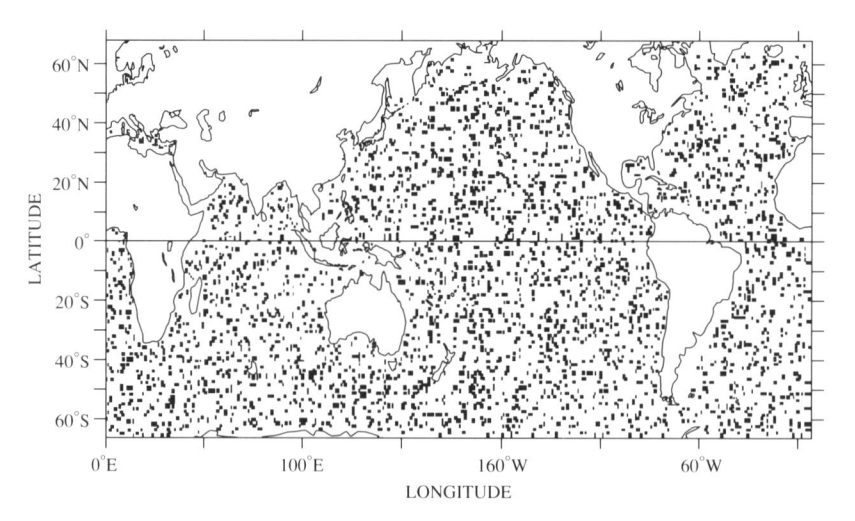

図 5-8 世界中の海に 3 度毎にブイを漂流させた様子（上）と上のブイがランダムに分布した様子（下）

動とそれに直結した海流変動を明らかにしようという国際プロジェクトである．アメリカと日本が中心になり，オーストラリア，カナダ，EU，フランス，ドイツ，韓国などが参加して，PALACEブイを放流する．この計画が実現すれば，海の天気図を描くことが可能となり，海面高度計衛星であるTopex / Poseidonの後継機であるJasonと連動して，海面高度の変動も同時に解析されて，海況予報が行われる予定になっている．ArgoのPALACEブイは少なくとも3年間は永らえるよう設計されている（バッテリーの寿命）．

将来は気象観測を行う気象バルーンを上げるように，いろいろな海域でArgoブイが定期的に流され，人工衛星から水温，塩分の鉛直分布データが定期的に送信されてくる時代になるかもしれない．

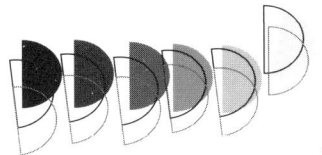

第6章

係留系

　海水中の水温や塩分の鉛直分布を観測する場合には，観測船からワイヤーを垂下し，その先端に水温計や伝導度計などのセンサーをつけ，得られた値を記憶させる装置を装着しておけば，その目的を果たすことができる．しかし，海流や潮流などの流向・流速を観測しようと思えば，ワイヤーが動いていては正確な流向・流速が観測できないので，海中に固定点を設ける必要がある．海中に固定点を設けるためには重り（アンカー）と浮き（ブイ）を使って，海中にワイヤーをピンと張って，海中に動かない線（流速の変化による抵抗の大小により，その傾きは変化するが）を設け，そのワイヤー上に流速計を設置して，流向・流速を計測する．このような仕掛けを係留系（mooring line）という．

　係留系には流速計の他，水温計，塩分計，濁度計，サーミスタチェーン，セディメントトラップなどが係留される（図6-1）．

　係留系の設置時には，通常先端ブイを先に投入し，船をゆっくり走らせながら，係留系がからんだり，たるんだりしないように（ワイヤーがたるむと，キンクして，ピンと張って負荷がかかった時，切断するおそれがある），順にラインを海中に投入し，最後に重りを投入するという手順で作業が行われる．

　係留系の先端ブイは航行船舶の衝突や海面波による切断等の危険

を避けるために，係留系設置時に，海面下数十 m 以深にくるように設計される．また，係留系のアンカーの重さはブイ全体の浮力よりも大きくなるよう設計されるので，そのままでは係留系は回収できない．そこで，観測期間を過ぎたら，船上から音波を発射し，アンカーの直上に設置した切り離し装置（releaser：図 6-1 で RL と記されている）を作動させて，アンカーを切り離し，海面に係留系を浮上させて回収する．

アンカーを切り離して海底に捨ててはいけないような，沿岸海域では，係留系の先端ブイの直下に設置したロープだめの切り離し装置を作動させ，ロープを延ばして，先端ブイを海面に浮上させ，回収する．

外洋では夜間や悪天候などにより先端ブイが目視できない場合の回収作業に備えて，先端ブイにフラッシュブイやレーダー反射ブイ，さらにトランスミッターを取り付ける場合もある．

係留系の設計にはその海域の流れで係留系が移動しないように，アンカーの重さを十分確保し（通常，ブイの総浮力＋200 kg 程度のアンカーが使われ

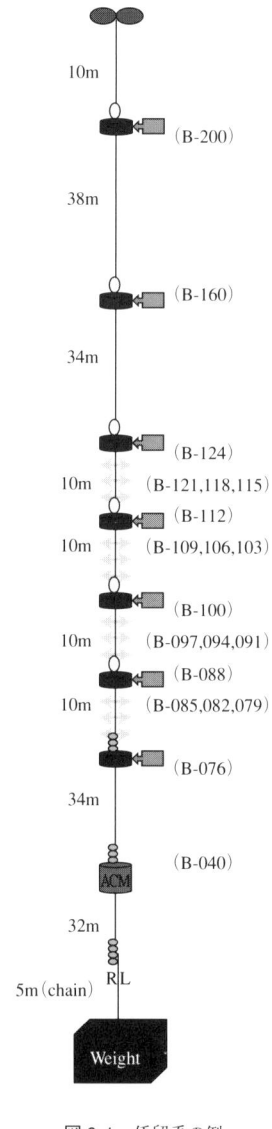

図 6-1　係留系の例

る)，流れの抵抗で係留線がある程度以上傾斜しないよう十分浮力を確保し，ブイの浮力とアンカーの重力を合わせた全体の張力に十分耐えられる強度のロープを用いて，ロープのよじれが生じないように各計測器の上下にはより戻し (swible) をつけ，流速計などの各計測器の金属の電食防止のための鉛をつけたり，最もトラブルが起こりやすい切り離し装置に関しては二重に設置するなど，細心の注意が必要とされる．

6-1 係留系の設計

安全な係留系を設計するためには，係留前にいろいろなことを考慮しておかなければいけない．中でも大切なことは，流れによって係留系がどの位傾くかを予め把握しておくことである．今，簡単のため，図 6-2 に示すように，深さ方向に一様な流れ V 中の係留系

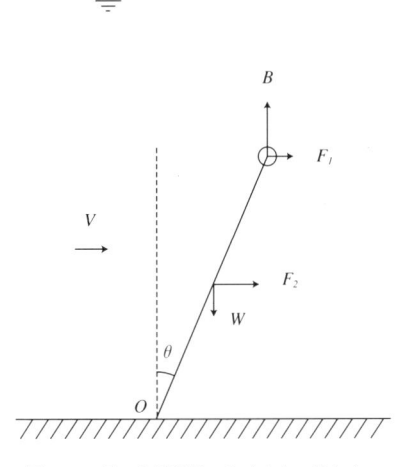

図 6-2 傾いた係留線における力の釣り合い

の傾きはどこでも一定である（θ）とし，係留系に働く力のO点に関するモーメントは釣り合っていると仮定すると，

$$(2B-W)\tan\theta = 2F_1 + F_2 \tag{6-1}$$

となる．ここで，θは係留系が鉛直方向となす角度，Bはブイの浮力，Wはロープの重さ，F_1およびF_2はブイおよびロープにかかる抵抗を表す．流れの中に置かれた物体の受ける抵抗Fは次式で見積もる

$$F = 0.5\,\rho\,C_D S V^2 \tag{6-2}$$

ここで，ρは海水の密度，C_Dは物体の抵抗係数で，ロープで1.3，円筒物体で1.2，球で0.5程度である．Sは流れに対して垂直な断面積，Vは流速を表す．

(6-1)式から最も効果的な係留を行う（θを小さくする）ためにはF_1/Bの小さいブイ，すなわち抵抗が小さく浮力が大きいブイを用い，軽くて抵抗の小さい（細い）ロープを使う必要があることがわかる（今脇，1977）．

そのような条件を満たすロープとして，現在ガラス繊維のケブラー（Kevlar）ロープがよく用いられている．

6-2 流速計

海中の流向・流速を計測する流速計には多くの種類がある．現在世界で最もよく用いられている係留用の流速計はノルウェーのアーンデラ社が開発したアーンデラ流速計であるが，最新のアーンデラRCM9流速計は音波のドップラー効果を利用したもので，流向計測のための羽根がないので，持ち運びや取り扱いが非常に便利である．この流速計には水温計，伝導度計，圧力計，濁度計，溶存酸素濃度計などを取り付けることが可能である．

6-3 セディメントトラップ

　近年海洋中の鉛直物質輸送に関して，動物プランクトンの糞などが沈降することにより，有光層から無光層に多量の有機物が輸送されることが，重要な役割を果たすことが明らかとなってきた．そのため，世界中のいろいろな海域でセディメントトラップ（sediment trap）と呼ばれる沈降粒子捕捉器（図 6-3）を設置して，沈降粒子束や沈降粒子の化学分析が行われるようになってきた．

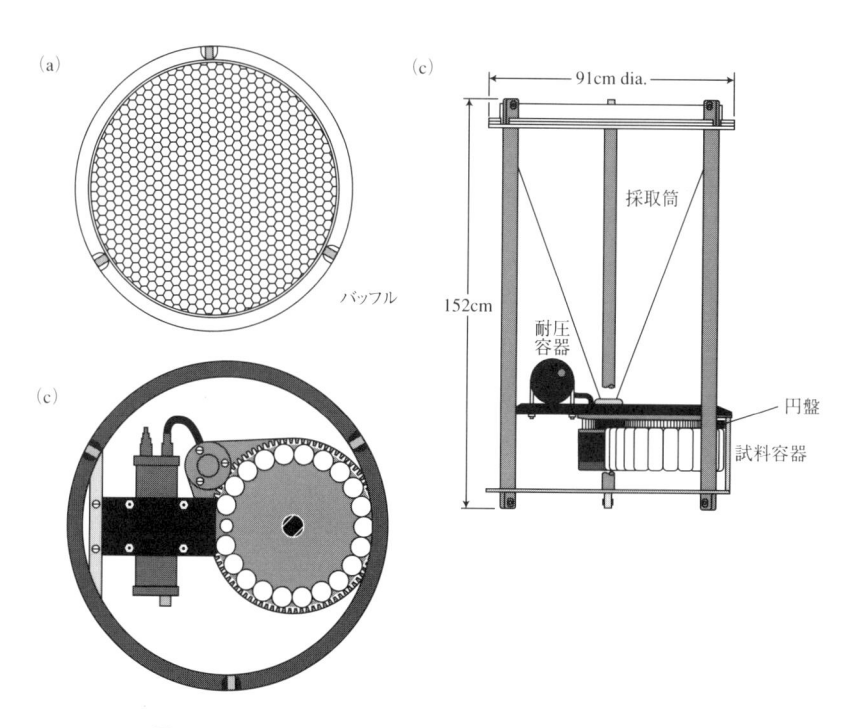

図 6-3　セディメントトラップ．(a) 上から見たところ，(b) 横から見たところ，(c) 下から見たところ（McLane Res. Lab. 社のパンフレットより）

6-4 水中自動昇降装置

最近開発された新しい係留観測装置に水中自動昇降装置（図6-4）がある．自動昇降装置自体はウインチ式になっていて，ロープがド

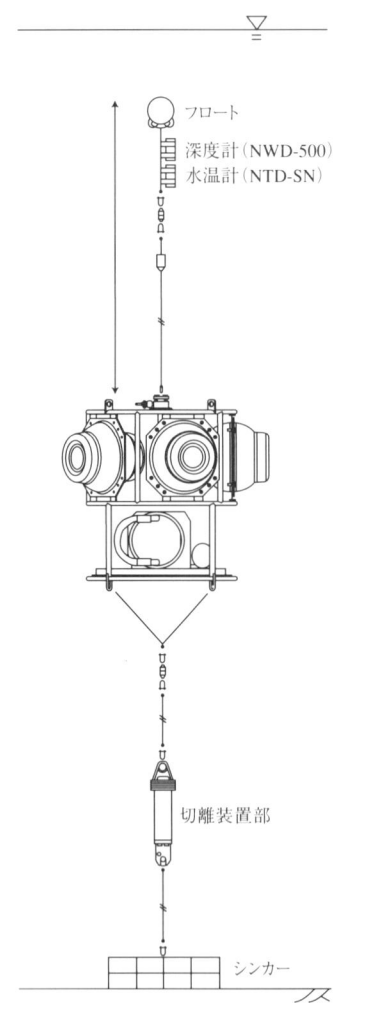

フロート
深度計（NWD-500）
水温計（NTD-SN）

切離装置部

シンカー

図6-4 水中自動昇降装置（日油技研工業株式会社のパンフレットより）

ラムに巻かれている．ロープの先端は浮力となるブイと計測装置（例えば CTD）を取り付けて水中に係留されている．予め設定した時間間隔（例えば 1 日毎）で，繰り出し方向にドラムが回転して，計測器とブイを上昇させる．設定された距離のロープを繰り出した後，今度はドラムが逆方向に回転してロープを巻き込み，計測器とブイを初期の位置まで下降させて止める．この動作を繰り返すことにより，例えば，表層から 300 m 深までの水温・塩分の鉛直分布を毎日計測することが可能になる．得られたデータはメモリーに格納し，例えば，1 年後に係留系を回収した時に，取り出すということになる．

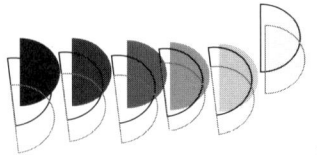

第7章

曳航体・海中ロボット

各種計測センサーを搭載した器具が，海中で自分の姿勢を制御できる能力をもっている観測器具である曳航体と海中ロボットをこの章では概観する．

7-1 曳航体

水温・塩分・濁度・流速などのセンサーを搭載した器具を船で曳航し，この器具を海中で上下させて，目的とする観測項目の鉛直断面分布を短時間に得ようとする観測器具が曳航体である．曳航体は表層に上がったら下降し，下層に降りたら上昇するような姿勢制御能力が必要とされる．この制御能力を調整することにより，往復する深度を選ぶことが可能となる．

図7-1に九州大学応用力学研究所で開発された海洋観測のための曳航体"DRAKE"（Depth and Roll Adjustable Kite for Energy Flux Measurement of Kuroshio）の内部機構を示す（小寺山ら，1993）．最後尾のインペラーは推進用ではなく，曳航中に流れを受けて回転し，油圧ポンプを作動させる．油圧ポンプはオイルフィルターを経て，サーボ弁で制御され，主翼または尾翼を駆動させ，曳航体を上下させる．翼を駆動しない場合はバイパス弁を通りリザー

バ内に噴出し，油圧ポンプへ戻る．

　図中の電子機器用耐圧殻内に深度計，横傾斜計，縦傾斜計などが納められている．これらのデータは機体内の前部と後部に設置された主翼角計と尾翼角計や機体に取り付けられた水温，塩分，濁度，流速のデータとともに，電子機器用耐圧殻の中のテレメータで曳航ケーブル内の通信線を通して母船へ送られる．内部構造の大部分はステンレス製で機体はFRP製である．

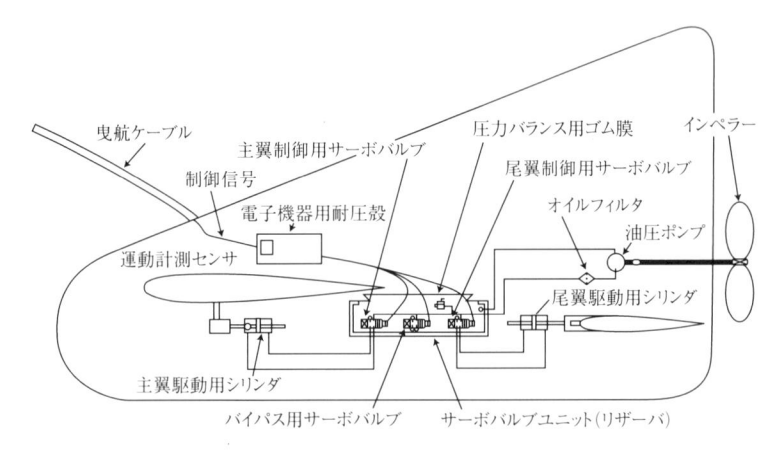

図7-1　曳航体DRAKEの構造（小寺山ら，1993）

　曳航体を用いた観測は，空間変動の大きい黒潮強流帯の断面構造や，時間変動の激しい内部波の空間構造の観測などに最適である．例えば，図7-2は曳航体をい用いて観測された東シナ海陸棚縁上部の水温構造の日変化である（Kuroda and Mitsudera, 1995）．この付近で卓越する内部潮汐波現象により，1日で等温線の深さが数十m変化していることがわかる．

7．曳航体・海中ロボット　55

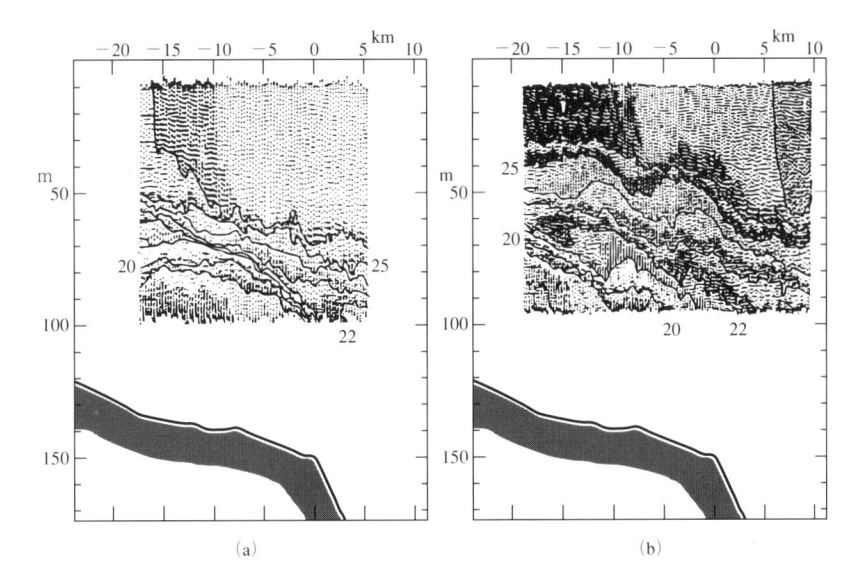

図 7-2　地曳航体を用いて観測された東シナ海陸棚縁上の水温分布．1989 年 10 月11日 9：36～12：12（a），10 月12 日 8：58～13：11（b）（Kuroda and Mitsudera, 1995）

7-2　海中ロボット

　種々のセンサーを搭載し，海中を自由に動くことのできる海中ロボットには 2 種類のものがある．一つは母船からの電力供給・データ送信用のケーブルをつけて動く有索海中ロボットで，もう一つはバッテリーとデータロガーを内蔵し，自由に航行できる自航式海中ロボットである．

7-2-1　有索海中ロボット

　有索海中ロボットは一般に ROV（Remotely Operated Vehicle）と呼ばれる．ROV はビークルと呼ばれる海中航走体，ビークルの海中活動を支援する電源，制御装置，ケーブル，ウィンチなどの船

上装置，両者を結ぶアンビリカル（Umbilical：へその緒）ケーブルの3つからなる（図7-3）．図7-3ではアンビリカル・ケーブルが中継器具を挟んで一次ケーブルと二次ケーブルからなっているが，直接1本のケーブルで船上とつながっている例も多い．

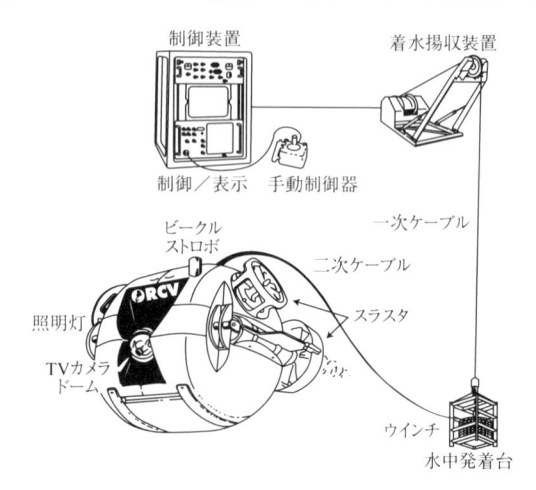

図7-3 有索海中ロボット（浦・高川，1997）

ROVは1953年に実験的な機種がアメリカで作られ，1960年代に入って実用化された．ROVは当初海軍が演習に用いる訓練魚雷などを回収するために用いられていたが，1973年第一次石油危機により石油価格が高騰し，海底石油開発・生産の活動が活発化して，海中作業の需要が増大し，同時にROVの利用が活発化した．

さらに1980年代に入って小型カメラが開発されるにおよび，カメラを搭載したROVが漁業，テレビ，発電所の諸施設の水中点検など様々な分野で用いられるようになった．

7-2-2 自航式海中ロボット

自航式海中ロボットは外部からエネルギー供給を受けることがで

きないので，エネルギー源を自ら装備しておかなければいけない．またケーブルの長さや操縦者による制約を受けないので，エネルギーの続く限り，例えば1年間でも，海中を動き続けることが可能となる．

実際には，長時間・長距離航行を可能にするための，エネルギー源の開発と自航式海中ロボットにどのような動き方，自律機能，を与えるかが研究の中心になっている．

例えば，東京大学生産技術研究所で開発されたプテロア150は母船から着水し，水中滑走して下降し，水平移動，バラスト投下により中立浮力化，海底面から一定の高さを保って航行，再度のバラスト投下により正浮力化，水中滑走による上昇・水平移動，揚収という一連の行動を行うよう設計されている（図7-4）．

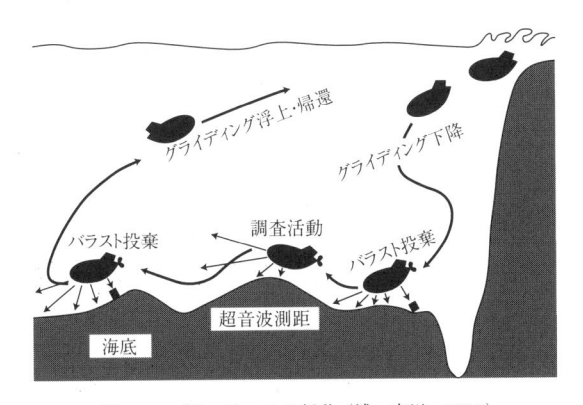

図7-4 プテロア150の行動（浦・高川，1997）

このロボットの設計は2つの特徴をもっている．
(1) 海底面に到達するまで水中滑走を行うので，エネルギーを消費しないで水平移動することが可能である．
(2) 海底面の形状を4つの測距センサーで計測し，一定の高度を保って航行するために，ロボット自らが学習するアル

ゴリズムを搭載している．

このようにエネルギーの節約と運動学習機能の改良も自航式海中ロボットを設計する上で重要な要素である．

なお海中ロボットに関してもっと詳しいことを知りたい方は

浦　環・高川真一（1997）「海中ロボット」，成山堂書店，309頁．

を参照されたい．

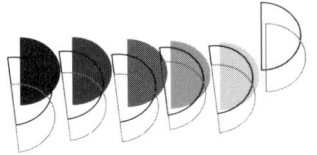

第 8 章

リモートセンシング

　リモートセンシング（remote sensing：遠隔計測）とは「観測対象に直接触れることなく，離れた場所に設置したセンサーを用いて，観測対象物に関するデータを収集・解析し，観測対象物の性質に関する情報を得る」技術である．センサーと観測対象物を結ぶものは電磁波や音波である．

　電磁波や音波を用いるリモートセンサーは観測を行うため，地上，海上タワー，航空機，気球，人工衛星などセンサーを搭載するプラットフォーム（platform）を必要とする．

8-1　電磁波によるリモートセンシング

　電磁波を用いたリモートセンサーは受動型センサー（passive sensor）と能動型センサー（active sensor）に大別できる．

　受動型センサーは観測対象が放射する微弱な電磁波や，太陽光の反射波を観測するもので，海色や水温を観測する可視・赤外の分光放射計などがこれにあたる．これらの観測は雲があるとできないし，夜の観測も不可能である．

　能動型センサーはセンサー自身が電磁波を発射し，観測対象から散乱して戻ってくる電磁波を観測するもので，マイクロ波を利用し

て風波や海上風を観測する散乱計や,海面高度を観測する高度計がその代表例である.能動型センサーは雲の有無や昼夜に関係なく観測できるという特性をもつ.

電波と光からなる電磁波による海洋のリモートセンシンシングの実例は表 8-1 に示すようである.SHF 波は別称マイクロ波(1〜30 GHz)と呼ばれる.また中間赤外線の一部は熱赤外線(8〜14 μm)と呼ばれる.

この中で HF 波から SHF 波までが能動型センサーで,中間赤外線から可視光線までが受動型センサーとなる.

HF レーダーに関しては次の 9 章でその詳細を述べる.

表 8-1 電磁波によるリモートセンシング

呼称	周波数	波長	リモートセンサー(観測対象)
MF(中波)帯	300 kHz〜3 MHz	100 m〜1 km	
HF(短波)帯 (High Frequency)	3〜30 MHz	10〜100 m	短波海洋レーダー(波・流れ)(HF)
VHF(超短波)帯	30〜300 MHz	1〜10 m	アイスレーダー(極域氷床)
UHF(デシメートル波)帯	300MHz〜3GHz	10 cm〜1 m	
SHF(センチ波)帯	3〜30 GHz	1〜10 cm	合成開口レーダー(スリック) 散乱計(海上風) 高度計(海面高度) マイクロ波放射計(海面水温)
EHF(ミリ波)帯	30〜300 GHZ	1 mm〜1 cm	
サブミリ波帯	300 GHz〜3THz	0.1〜1 mm	
遠赤外線	3〜20 THz	15〜100 μm	
中間赤外線	20〜200 THz	1.5〜15 μm	熱赤外分光放射計(水温)
近赤外線	200〜400 THz	0.75〜1.5 μm	近赤外分光放射計(水温)
可視光線	400〜750 THz	0.40〜0.75 μm	海色計(植物プランクトン)
紫外線	750〜30000 THz	10 nm〜0.4 μm	

8-1-1 能動型センサー

能動型センサーによる海洋観測で近年最も成果をあげているものはマイクロ波海面高度計である.海面高度計はセンサーと海面の間

の距離を計測することにより，海面高度の変動，すなわち海流の変動を観測するために開発された．1975 年 GEOS-3，1978 年 SEASAT，1985 年 GEOSAT に搭載され，メキシコ湾流や大西洋の中規模渦検出に成功した．その後，アメリカの NASA とフランスの CNES が共同して 1992 年に Topex / Poseidon を打ち上げて，現在まで約 10 日間隔で地球規模の海面高度計データを連続的に取得し続けていて，そのデータ解析により多くの知見が得られている．一例として，図 8-1 に 1995 年 5〜7 月の日本海における渦の移動状況を示す．多くの渦が停滞したり，移動したりする状況がよくわかる．

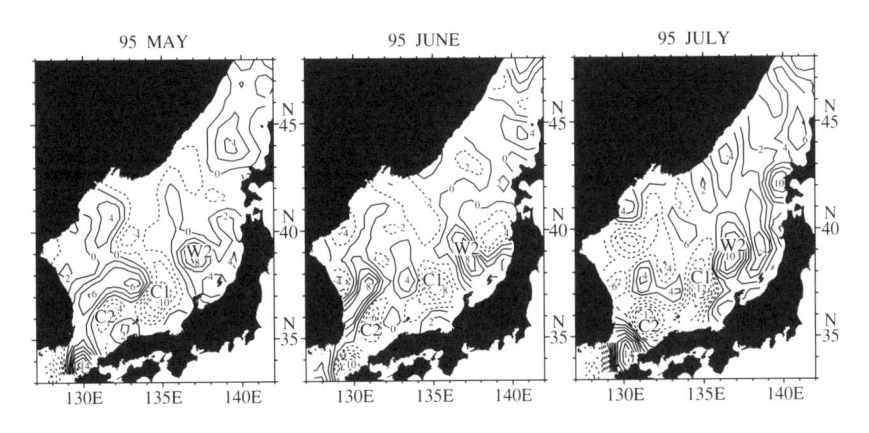

図 8-1　1995 年 5〜7 月，日本海における渦の分布状況（Morimoto et al., 2000）

　海面高度計の詳細に関しては今脇（1995）を参照されたい．
　マイクロ波散乱計は海上の風向・風速を測定することを目的に開発され，1978 年打ち上げられた SEASAT の散乱計は衛星の軌道下幅 1,500 km の海域の風向・風速を精度 2 m / sec 空間分解能 50 km で観測することに成功した．日本でも 1996 年に打ち上げられた ADEOS（ADvanced Earth Obsewrving Satellite）に搭載され

たマイクロ波散乱計（NSCAT）により，幅 1,200 km の海域の風
向・風速を空間分解能 25 km で観測することに成功した．NSCAT
により観測された日本海の季節風の分布を図 8-2 に示す．

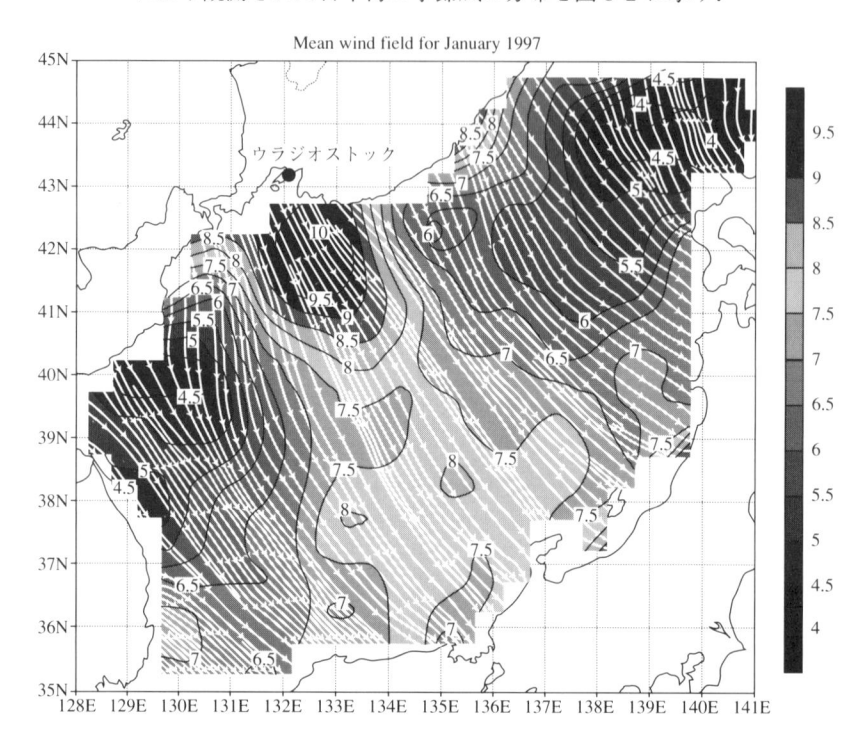

図 8-2 NSCAT により観測された 1997 年 1 月の日本海における季節風．数字は
m / sec（Kawamura and Wu, 1998）

　　　　合成開口レーダーにににより得られた画像には海面のスリックなど
がきれいに撮影される．この画像を用いて内部波の伝播解析などが
行われる．
　　　　能動型センサーの 1 つである TMI を搭載した TRMM（Tropical
Rainfall Measuring Misson）が熱帯降雨の定量的な観測を行うた

めに1997年11月に打ち上げられた．降雨レーダーは周波数13.8 GHzのレーダーを衛星から発射し，降雨粒子からの反射波を観測して，降雨の三次元的構造を明らかにしようというものである．水平分解能は4.3 kmで鉛直方向には250 mの分解能で海面または地表から15 kmまで観測可能である．TRMMはまたマイクロ波放射計や可視赤外放射計などのセンサーも搭載されていて，海面水温も観測可能である．

8-1-2 受動型センサー

受動型センサーで最も普及しているのはNOAA (National Oceanic and Atmospheric Adminstration) に搭載されたAVHRR (Advanced Very High Resolution Radiometer) とSeaWiFSに搭載された海色計である．AVHRRは熱赤外線放射計により海面水温を水平分解能1.1 kmで測定できる．海色計は可視光線放射計を用いて海面付近のクロロフィル a 濃度を同じく水平分解能1.1 kmで測定できる．外洋のchl.a濃度は海色計により精度よく推定可能だが (Case I 水と呼ばれる)，沿岸海域では植物プランクトンのchl.a以外に，懸濁物質 (SS；Suspended Substance) や有色溶存有機物質 (CDOM；Colored Dissolved Organic Material) が存在しているために (Case II 水と呼ばれる)，適切な補正をしないと，海色計データから正しいchl.a濃度を推定することができない．

海色計の詳細に関しては才野 (1993) を参照されたい．

8-2 海底ケーブルを用いたリモートセンシング

誘電体である海水が，地球磁場の中を動くとき，ファラデーの法則により生じる電位差を海峡を横切る海底ケーブルの両端で計測することにより，海峡を横切る海流の流量を検出するというもので，

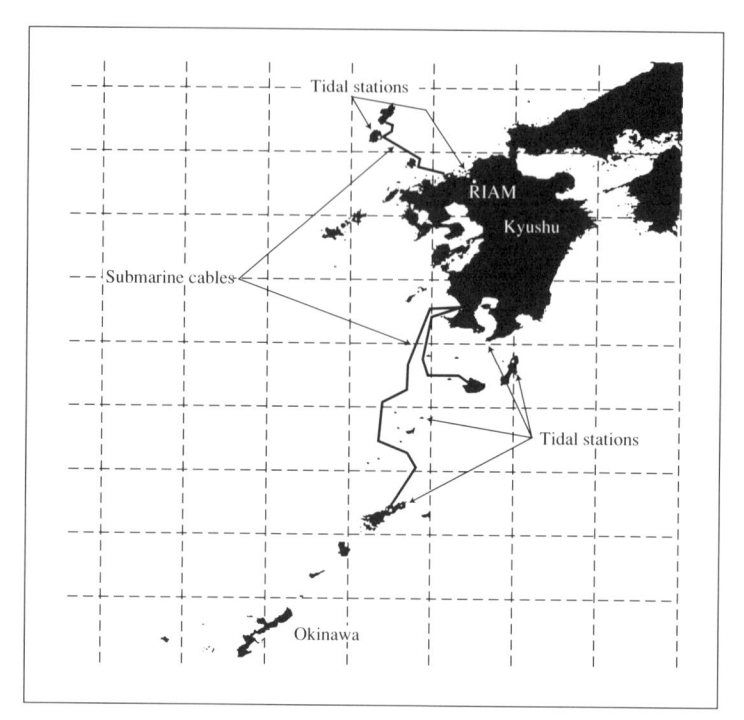

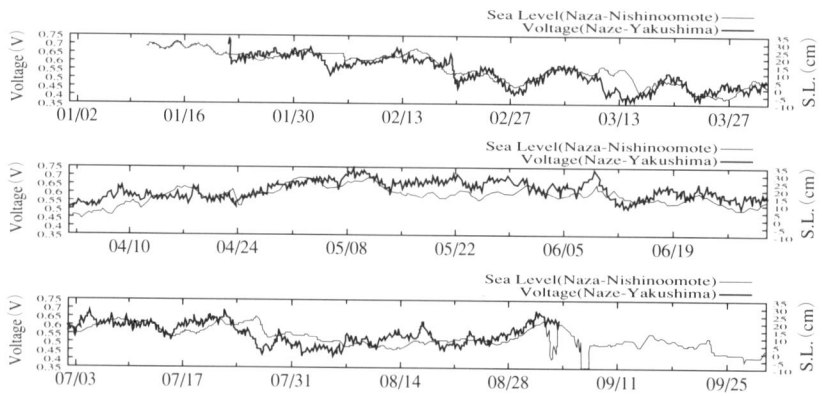

図 8-3 九州周辺の海底ケーブルと検潮所（上）と名瀬と屋久島間の電位差と名瀬と種子島の西之表間の水位差（下，1999 年 1 月～9 月）（Hashimoto et al., 2001）.

電磁波を用いたリモートセンシングの一つにあげられる．

九州大学応用力学研究所では2001年現在，福岡，壱岐，対馬を結ぶ海底ケーブル，鹿児島，屋久島，奄美大島を結ぶ海底ケーブルを利用して，対馬海峡，トカラ海峡を通過する対馬海流，黒潮の流量観測を続けている（図 8-3）．その結果の一例は図 8-3 の下に示すようで，奄美大島の名瀬と屋久島の間の電位差の時間変動は名瀬と種子島の西之表の水位差によく対応している．これは屋久島と奄美大島の間のトカラ海峡を通過する黒潮が地衡流平衡状態にあり，その流量変動が西之表と名瀬の水位差変動によく対応しているとともに，屋久島と奄美大島の間の電位差変動にも反映していることを示している．

8-3 GEK

GEK（Geomagnetic Electro-Kinetograph）は外洋の表層流を測定する測器で ADCP が普及する以前はほとんどの観測船に装備されていた．GEK は 1950 年アメリカの海洋物理学者 von Arx（ボナルクス）により開発された．その原理は 8-2 の海底ケーブルと同様で，地球磁場を横切る海水という誘電体の運動によって起こされる起電力を，船から曳航したロープの両端（通常 60 m 程度離す）に付けた電極で測定し，電位差を流速に換算するというものである．この方法だと船の進行方向に直交した流速成分しか得られないので，船は一方向に走った後，転進してその直角方向にも走って，2つの流速成分を合成して流速ベクトルを推定する．また，電極があまりに船に近いと，船からの漏洩電流の影響や泡の影響などがでてくるため，船に近い方の電極は，通常船長の 3 倍程度以上離される．

8-4 音波によるリモートセンシング

音波を用いたリモートセンシングは表 8-2 に示すようである．その詳細は 11 章で述べる．

表 8-2 音波によるリモートセンシング

周波数	計測器
150〜300 KHz	ADCP
1.25 KHz	IES
50〜400 Hz	音響トモグラフィー

リモートセンシング全般の詳細に関しては

岡本謙一編著（1999）「地球環境計測」オーム社，324 頁．
を参照されたい．

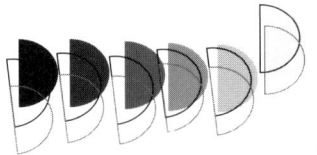

第9章

HFレーダー

　HF レーダー（High Frequency Radar：短波海洋レーダー）は陸上の局から HF 電磁波（例えば周波数 42 MHZ，波長 $\lambda r = 7$ m）を発射し，海面の波浪成分（周波数 0.66 Hz ＝ 周期 1.5 秒，波長 $\lambda w = 3.5$ m）にブラッグ散乱共鳴させて，この波浪成分波からのエコーを受信することにより，海面付近の流れと波浪に関する情報を面的に得ようとするものである．

　ブラッグ散乱共鳴とは図 9-1 に示すように，ある波浪の峰で反射するレーダー波が，一つ前の峰からのレーダー波の反射波と位相が一致するとき，お互いに強めあい，共鳴が起こることを指す．2 つの波の位相が一致する条件は，レーダー波の波長が波浪の波長の 2 倍になることである．

$$\lambda r = 2 \times \lambda w \tag{9-1}$$

　このような理由から，共鳴する波浪成分波が海面に存在しないような静穏な海面の場合には，HF レーダー観測は不可能となるが，現実にはそのようなことは起こり得ない．海面には常にいかほどかの波浪が存在するからである．

　陸上の局から HF 電磁波をある時間間隔（例えば 0.25 秒間隔）で 5～10 分の間送受信する．このとき受信されるエコーはレーダーの空間分解能（レンジ方向 0.5 km，アジマス方向のビーム半値内，

図 9-2) 内で，上述した共鳴条件を満たす波浪成分波による後方散乱エコーである．このためエコーは上記波浪成分波（第一次波浪成分波と呼ぶ）による第一次散乱エコーとして最も強く受信される．この他に 2 つの波浪成分波の干渉による第二次散乱エコーも受信される（図 9-3）．

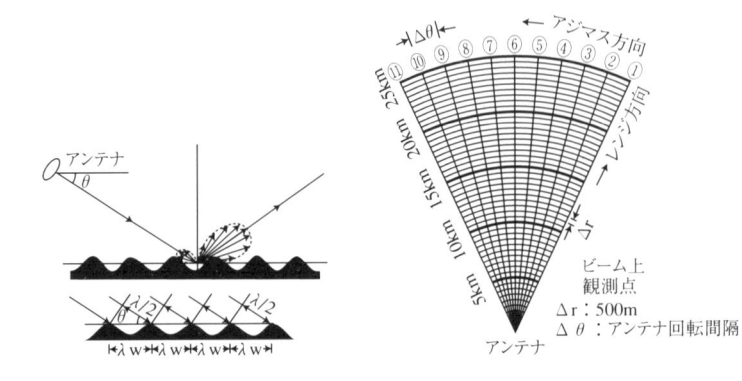

図 9-1　ブラッグ散乱共鳴　　　　図 9-2　レーダーの観測範囲と分解能

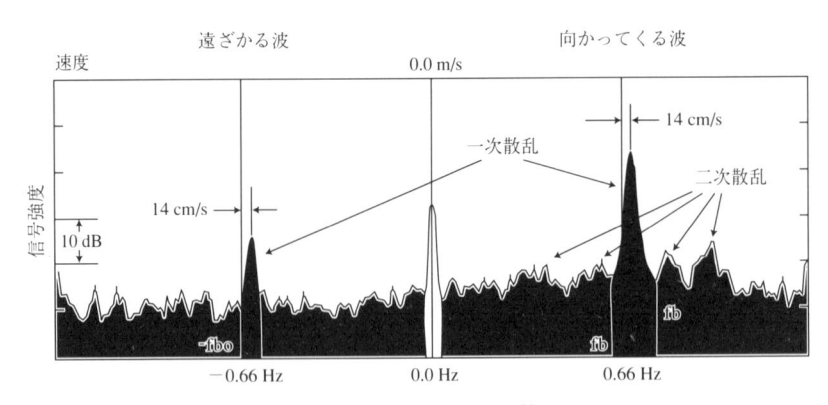

図 9-3　ドップラースペクトル

9. HFレーダー

図 9-3 からわかるように第一次散乱ピークは，ほぼ対称にプラスの周波数領域とマイナスの周波数領域に現れる．これは波浪成分波があらゆる方向に伝播する（アンテナに向かう方向とアンテナから遠ざかる方向がある）からである．

HFレーダーでは波長が長い（周波数が低い）ほど伝搬損失が少ないので，観測可能な範囲は低い周波数ほど広くなる．しかし，周波数をあまりに低くすると，ブラッグ散乱する波長の海面波が存在しなくなる．したがって，実際に用いられる周波数と観測可能範囲は 5 MHZ で 200 km，10 MHZ で 100 km，25 MHZ で 50 km 程度である．

9-1 流れの解析

海面付近の流速は第一次散乱エコーのドップラースペクトル周波数から推定できる．波浪そのものによるドップラー周波数は下式により求められ，0.66 Hz である．

$$\text{ドップラー周波数} = 2 \times \text{レーダー周波数} \times \text{波浪位相速度} / C \quad (9\text{-}2)$$

ここで C は光速（3×10^{10} cm / s）で，波浪の位相速度は深海波の波長と周波数の関係から理論的に求められ，今の場合は 14 cm / sec である．

もし表層に流れがあれば，波浪の移動速度は位相速度＋表層流速度となるから，第一次散乱ドップラースペクトル周波数 f_d を計測すれば，下式により表層流速が求められる

$$\text{流速} = C \times (f_d - 0.66) / (2 \times \text{レーダー周波数})$$
$$= 358 \times (f_d - 0.66) \quad (9\text{-}3)$$

上式で求められる正の流速はアンテナの視線方向に向かってくる

流れであり，負の流速は視線方向に遠ざかる流れとなる．得られる流速の精度はデータ処理法やデータの取得時間にも依存するが，一般には数 cm / sec 程度である．

したがって，流速ベクトルを得るためにはアンテナの視線方向がなるべく直角方向になるように2台のレーダーを設置して同時観測を行う必要がある．

波数 k の波による海水の動きの振幅は深さ z とともに指数関数的に減少していく．したがって，深さ z の部分の海水の動きが海面波に与える影響も $\exp(-kz)$ の重みで変化する．このことから HF

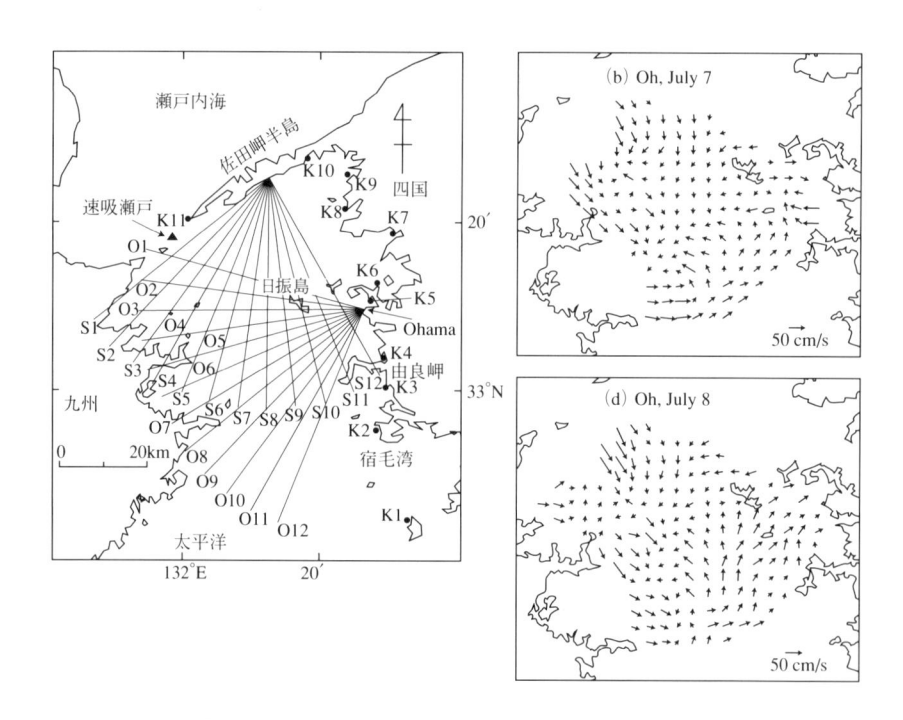

図 9-4 HF レーダーによる豊後水道の急潮の観測例（Takeoka et al., 1995）．

レーダーで観測される海流は表層から $1/k$ すなわち波の波長の $1/2\pi$（電波の波長の $1/4\pi$）程度の深さまでの流れを観測することになる．例えば 25 MHz のレーダーでは，電波の波長が 12 m であるから，海面下 1 m 程度までの平均的な流れを観測することになるわけである．

図 9-4 に HF レーダーによる瀬戸内海・豊後水道における急潮の観測例を示す．1992 年 7 月 7 日の豊後水道内の残差流はほとんど 0 であったのに，翌 7 月 8 日には東南部で流速 50 cm / sec にも達する急潮が発生していることがきれいに観測されている．

9-2 波浪の解析

HF レーダーによる波浪場の推算方法について説明する．受信されるエコーの強さは共鳴した波浪成分波のエネルギーに比例する．このとき第一次散乱スペクトルだけでは第一次散乱波浪成分波しかわからない．実際の波浪は多くの成分波から構成されているので，その場の波浪特性を明らかにしようと思えば，第二次散乱エコーも解析する必要がある．実際には観測されたドップラースペクトルに重みをつけて，第一次散乱スペクトルで規格化し，周波数積分することにより，波浪場の波高と周期を求めるアルゴリズムが開発されている．

図 9-5 に示すように，HF レーダーで観測された有義波の波高と，同じ海域に設置された波高計を用いて観測された有義波の波高はよく一致している．

VHF レーダー（Very High Frequency Radar）は高周波数（42 MHz 程度）の電磁波を用いて，分解能を上げようとする HF レーダーである．

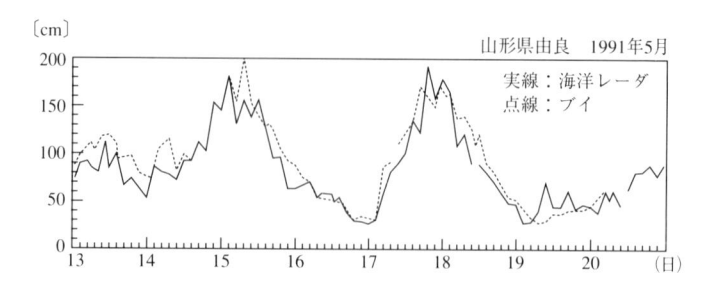

図9-5 HFレーダーによる有義波高観測値と波高計による有義波高観測値の比較
（井口，1991）

HFレーダー観測の詳細に関しては
　　土木学会海岸工学委員会（2001）「陸上設置型レーダーによる沿岸海洋観測」，212頁．
を参照されたい．

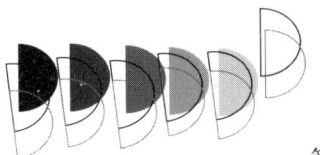

第10章

ADCP

　ADCP（Acoustic Doppler Current Profiler；音響ドップラー流速分布計）は海水中の粒子，微細水温構造，植物プランクトンなど自己遊泳能力のない散乱体からの散乱音波のドップラー周波数シフトを計測し，流速の鉛直分布を観測する器具である．

　ADCP は大気の気流計測用として普及していたドップラーレーダーの技術を応用して，1970 年代後半にアメリカで実用化された．晴天時の大気中には電磁波の散乱体が少ないために，ドップラーレーダーによる気流計測は，雲あるいは雨滴の存在する荒天時に行われる．一方，海洋中では電磁波はほとんど伝播しないので，電磁波の変わりに音波を用いる．

　RD instruments 社の ADCP の場合，鉛直方向の最大分解数（bin number）は 128 層である．その概観は図 10-1 に示すようであり，75 kHz の音波を使った場合の観測可能水深は 700 m，1,200 kHz を使った場合の観測可能水深は 50 m である．つまり周波数の高いほど，鉛直分解能はよくなるが，観測可能深度は浅くなる．

　ADCP 観測には船底に設置する船底型，船から曳航する曳航型，係留系にとりつける係留型，海底に係留する海底設置型など様々なタイプがある（図 10-2；金子・伊藤，1994）

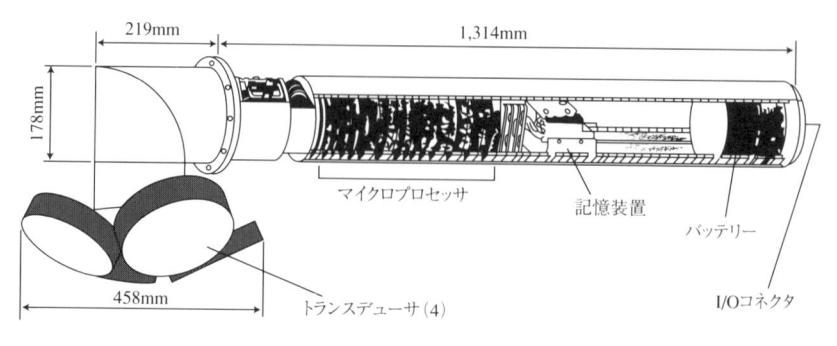

図 10-1　ADCP の概観

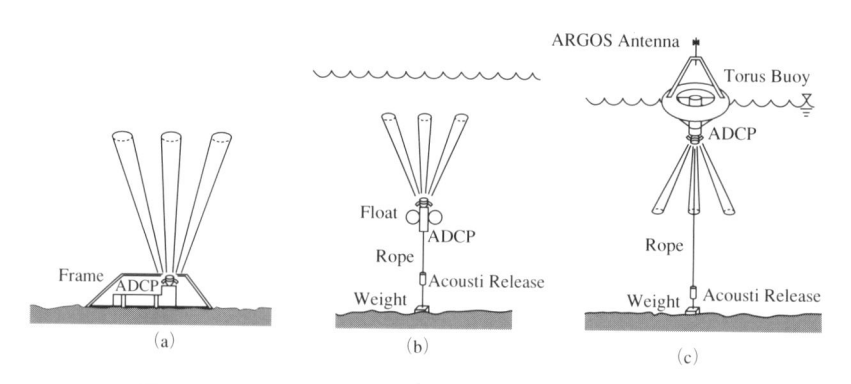

図 10-2　海底設置型（a），海中係留型（b），海面係留型（c）ADCP

10-1　測定原理

　ADCP の測定原理を以下に示す．図 10-3 に示すように，鉛直方向から角度 θ 傾いた 2 つのトランスデューサ T_1, T_2 から周波数 f_0 の音波パルスを発射する．トランスデューサ T_1 から発射された音波がビーム軸方向に速度 $v_{\theta 1} = w\cos\theta + u\sin\theta$ で動く散乱体 S_1 で散乱されて T_1 に戻ってくる時の振動数 f_1 は，水中音速を c とす

れば次式で与えられる．

$$f_1 = f_0 \frac{c + v_{\theta 1}}{c - v_{\theta 1}} \qquad (10\text{-}1)$$

$$= f_0 \left(1 + \frac{2v_{\theta 1}}{c}\right) f_0 \{1 + 2(w\cos\theta + u\sin\theta)/c\}$$

またトランスデューサ T_2 から発射された音波が S_1 と同じ速度で動く散乱体 S_2 で散乱されて T_2 に戻ってくる時の振動数 f_2 は同様にして次式で与えられる．

$$f_2 = f_0 \{1 + 2(w\cos\theta + u\sin\theta)/c\} \qquad (10\text{-}2)$$

(10-1)，(10-2) 式の差をとれば，

$$u = f_0 \frac{(f_1 + f_2)c}{4f_0 \sin\theta} \qquad (10\text{-}3)$$

和をとれば，

$$w = \frac{(f_1 + f_2 - 2f_0)c}{4f_0 \cos\theta} \qquad (10\text{-}4)$$

となる．すなわち f_1, f_2 を計測すれば，流速成分 (u, w) が観測できることになる．同様にトランスデューサ T_1 と T_3 を使えば，流速成分 (v, w) が観測できて，トランスデューサ 3 つで，三次元流速 (u, v, w) が観測可能となる．

この時，共通の観測成分 w により，精度のチェックができる．ここで，散乱体 S_1, S_2 が同じ速度で動いていることが仮定されていることに注意を要する．すなわち音波ビームの水平間隔 $2h\tan\theta$ よりも小さな空間スケールの流速変動は観測不可能である．ADCPの水平分解能は $2h\tan\theta$ で与えられる．

鉛直方向の分解能は計測時に設定する観測層の厚さと等価であるが，計測精度と反比例の関係となる．これは観測層内で流速を鉛直方向に平均化処理するためである．例えば，150 kHz の場合観測層

厚（bin）を1mにすれば，精度は90 cm/s，4 mで22 cm/s，8 mで11 cm/s，16 mで6 cm/sとなる．ただし，これは1秒毎に得られたデータをすべて採用した場合である，通常は時間方向にも平均化が行われ，精度はデータ数の平方根に比例して向上するから，例えば1分で平均化すれば8倍程度精度が向上し，8 mで1.4 cm/sの誤差となり，実用上十分の範囲となる．

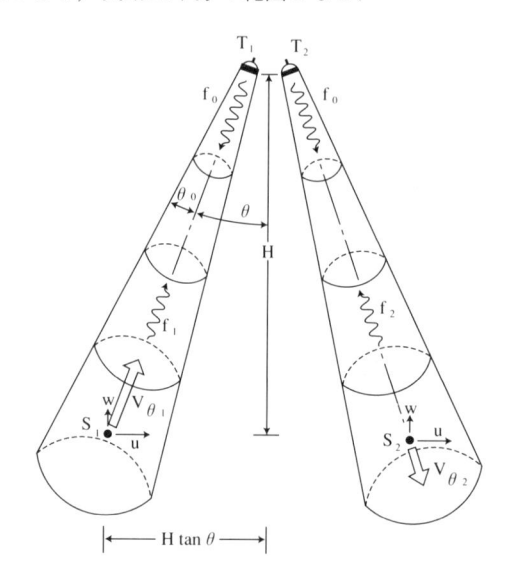

図10-3　ADCPによる側流原理

これまでのADCPでは長いパルス（低周波数）を使用する狭帯域（narrow banded）ADCPが主流であったが，計測時間，深度幅を小さくするため，短いパルス（高周波数）を使用する広帯域（broadband）ADCPが普及し始めた．

ADCPの欠点の一つとして，海面，海底付近の流速計測が不正確になることがあげられる．これは例えば，海中係留型ADCPの

場合，トランスデューサから鉛直上方に発射された弱いサイドローブ音波が海面で強く反射され，メインローブ音波でなされる通常の計測値に混入するために発生する（図 10-4）．ADCP の設置深度を H，音波ビームの鉛直からの傾斜角を θ とすれば，測定不正確層の厚さ D は次式で与えられる．

$$D = H(1-\cos\theta) \qquad (10\text{-}9)$$

海底に向かって音波を発射する場合にも，海底付近に測定不正確層が発生するが，その厚さも（10-9）式で評価できる．海面に設置した場合の H は水深となる．トランスデューサの直上に遮蔽板を置くことにより，サイドローブを取り除き，海面のすぐ近傍まで測流を可能にする方法も提案されている．

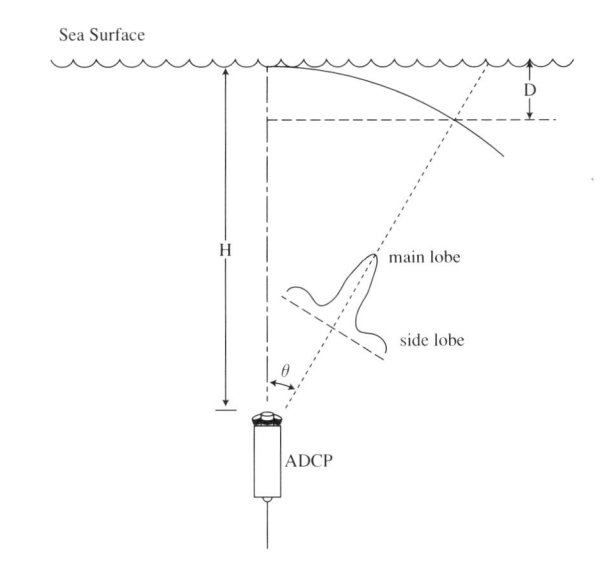

図 10-4　海中係留 ADCP で海面付近の流速が測定できないわけ

10-2　船底設置型

　船底に穴をあけ，トランスデューサを埋め込み，測流を行う（図10-5）．現在通常の観測船にはもちろん装備されているし，海上保安庁の巡視船にも装備されている．また博多－釜山を往復するフェリーのカメリアにも装備されている．

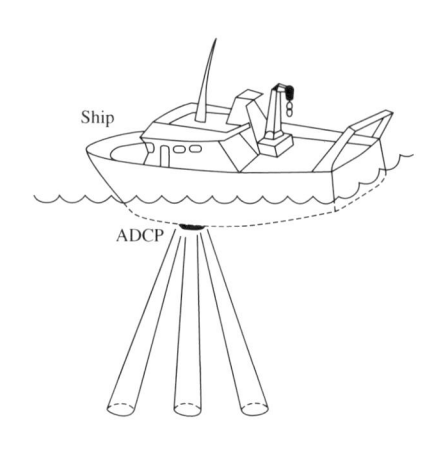

図 10-5　船底設置型 ADCP

　船底型は一度 ADCP を取り付ければ，船舶が運航される限り，データをとり続けることが可能である．しかしながら，逆に ADCP は常に水中にあり，保守・管理は船舶がドック入りした場合にのみ可能となる．さらに，ADCP の取り付け角度の正確性は特に重要なので，傾いて設置すると，得られたデータの信頼性が問題となる．保守・管理のたびに，取り付け角度をきちんとチェックしなければいけない．

　外洋を運行するコンテナ船やフェリーの多くに ADCP を装備すれば，様々な海域の海流モニタリングも可能となる．また海事衛星

（INMARSAT）と組み合わせることにより，外洋で得られる ADCP データを陸上の研究室で一元管理することも可能である．ADCP を鉄鋼船の船底に取り付ける場合に問題となるのは ADCP 自体の時期コンパスが使えなくなることである．その時は船舶のジャイロコンパスに接続して，代用する．

10-3 曳航型

船底型 ADCP では，荒天になり，船のピッチングにより船底の ADCP トランスデューサの周辺に気泡が混入するようになると，計測不可能となる．

このような欠点を克服することを目指して，曳航型の ADCP が開発された（図 10-6）．曳航体は ADCP 内の磁気コンパスを乱さないように，通常 FRP（FiberReinforced Plastic）とステンレスを

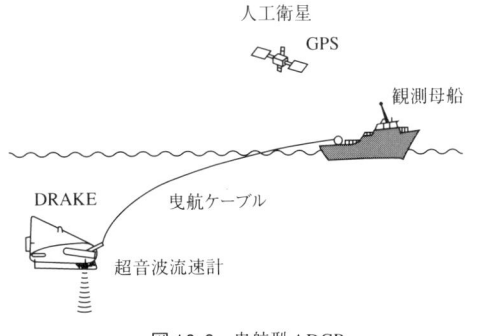

図 10-6 曳航型 ADCP

用いて作られる．可搬型であるため，不特定の観測船に持ち込んでの観測が可能となる．曳航体全体が水没するために，気泡混入の問題は生じない．さらに曳航体に働く流体抵抗力を考慮して形状設計すれば，海上の風浪が高く，観測船が大きく動揺しても，海中走行

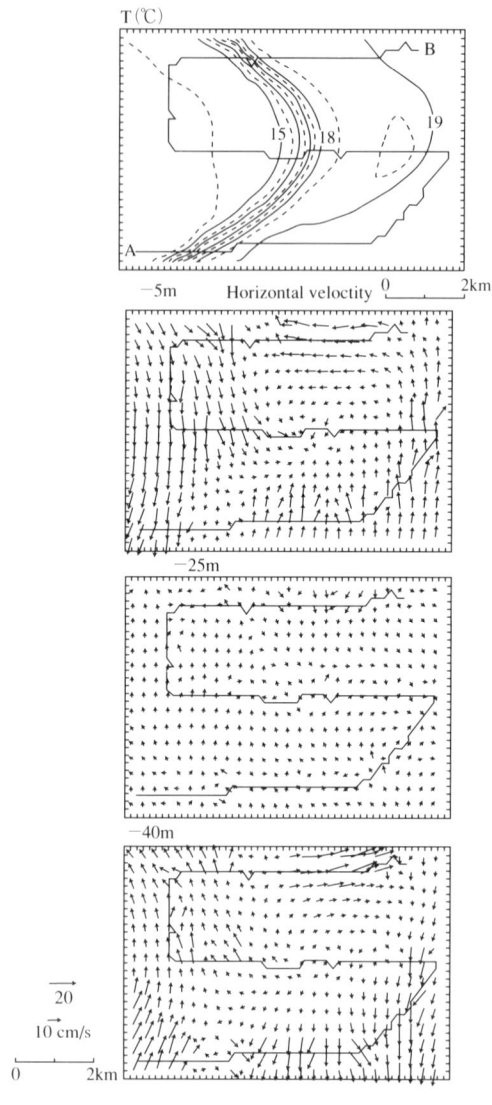

図 10-7 紀伊水道の熱塩フロント（最上段）近傍の表層・中層・底層の流動．A～B 線は ADCP 観測線を表す（Yanagi et al., 1996）

時の曳航体の動揺を非常に小さくすることも可能である．九州大学応用力学研究所で開発された曳航体 EIKO の場合，水没深度は約 5 m で，曳航速度は 10 ノットまで可能である．7 章で紹介した DRAKE の場合は主翼の傾斜角を調整して 50〜210 m の潜行深度を調整可能である．DRAKE の最大曳航速度は，潜水深度 50 m で約 12 ノット，潜水深度 210 m で約 6 ノットである．

　船底型，曳航型いずれの場合も，ADCP は航行する観測船に対して，相対的な流速を計測する．したがって，絶対的な流速を求めるためには船速の影響を除かなければいけない．水深が 200 m 以浅の浅海の場合は ADCP の海底からの反射波を利用して，船速を計測することが可能なので，問題ない．しかし，海底からの反射波の減衰が大きい深海では GPS などを用いて，船速を求める必要がある．ADCP と比較すると，これらの測位システムの精度は劣るので，外洋における ADCP 観測には注意が必要である．

　図 10-7 に曳航型 ADCP 観測により得られた瀬戸内海・紀伊水道の冬季安定して存在する熱塩フロント近傍の流速分布を示す（Yanagi et al., 1996）．15〜18℃の急激な水温変化が見られるフロントを横切り，A〜B 線に沿って行われた ADCP 測流結果を補間すると，表層（−5m）ではフロントに向かって収束する流れ，底層（−40m）ではフロントから発散する流れがきれいに捉えられた．

10-4 係留型

　海中係留型では ADCP の設置深度を自由に選ぶことが可能になるが，係留線の横揺れによる計測誤差が問題となる．この場合は浮力を十分とって，横揺れをできる限り少なくするようにしなければならない．黒潮・湾流のような強流帯での計測時には表層の主流部

をさけて,中・深層にADCPを設置して,上向きに音波を発射して計測すれば,抵抗が小さくなって,横揺れをすくなくすることができる.

10-5 海底設置型

係留系は底引き網や中層トロールなどの漁業活動が盛んな海域では設置できない.その場合は底引き防止用のカバーをつくり,その中にADCPを入れ込み,装置自体を海底に沈めて観測を行う.計測終了時には海面から信号を送って,切り離し装置を作動させ,海底から浮きとロープを伸ばして,回収する.

10-6 水平型

関門海峡は最大潮流流速9ノットに達する,幅500〜1,000 m,水深10〜20 m,長さ25 kmの海峡で,海の難所として知られている.1日にこの海峡を航行する船舶数は660隻にのぼる.従来この海峡での潮流観測は,点でしか行われていなかったので,面的な潮流流速分布に関する情報が必要とされていた.そこで岸壁からADCPの音波を水平に発射,受信し,発射方向を7方向に変えることにより,岸壁から500 mまでの間の海面下5 mの流速水平分布を計測することが試みられた(図10-8).1995,1996年に現場実験が行われたが,同時に行われた流速計観測結果との対応は良好で(佐藤,1997),この方法が実用化可能なことを示唆した.

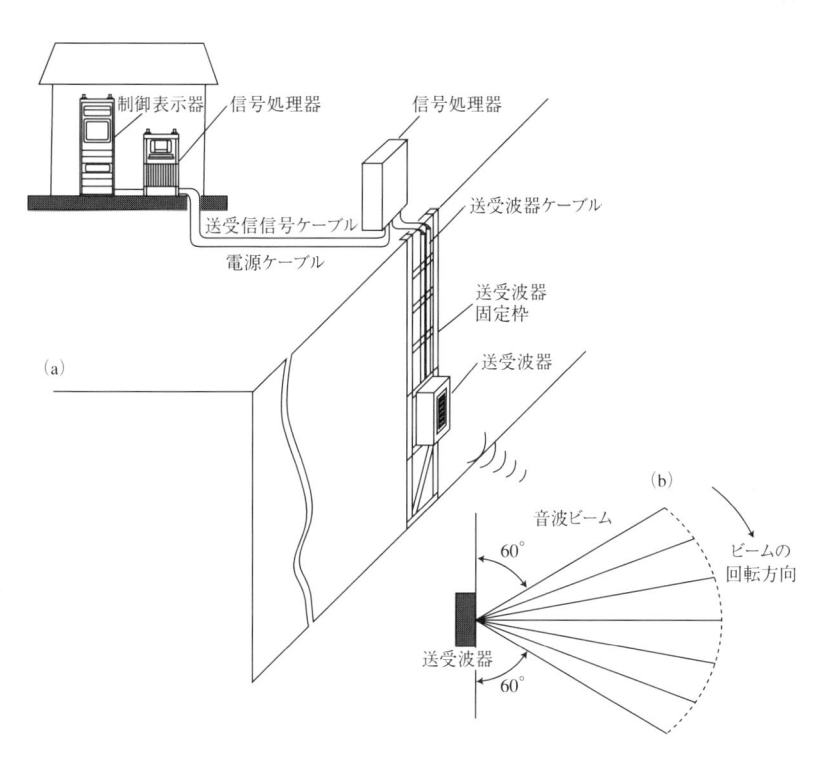

図10-8　水平ドップラー式流況分布測定装置システム（a）と音波ビームの送波方向（b）
（佐藤，1997）

10-7 LADCP

　LADCP（Lowered ADCP）は CTD フレームの下部に取り付けられ，CTD センサーより下向きに音波を発射して，CTD の降下時に水温，塩分の観測された各層の流速を観測しようというものである．

10-8 潮流成分除去法

　浅海における ADCP 測流では得られた流速から潮流成分を除去して残差流成分を推定する必要がある．潮流成分除去法としては次の4つがある．

(1) 観測対象海域ですでに得られている潮流調和定数を用いて潮流成分を除去する (Isobe *et al.*, 1994)．

(2) 同一観測線上を1日のうちに多数回往復して平均値をとる (Katoh, 1993)．

(3) 観測対象海域で得た ADCP 記録に対して，潮流調和定数の簡単な空間分布を仮定し時間的・空間的な最小二乗法を用いて，調和定数を求め，潮流成分を除去する (Candela *et al.*, 1992)．

(4) 数値モデルの結果をもとに潮流成分を除去する (Yanagi *et al.*, 1997)．

　(1) の手法は過去に長期間の潮流観測結果が存在しない海域では適用できない．(2) の方法は半日で4回ないし，8回の往復観測を行う必要があるが，そうすると，広い海域は観測不可能となる．(3) の手法は地形変化が大きくて，簡単な潮流調和定数の空間分布を過程できない海域では適用不可能である．(4) の方法は用いる三次元潮流数値モデルの精度が問題となる．

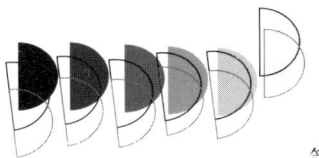

第 11 章

音響トモグラフィ

　IES（Inverted Echo Sounder：倒立音響測深器）は海底から海面に音波を発射し，海面で反射して返ってくる音波を受信して，水深で平均した音の伝播速度を計測する装置である．海水中の音波の伝播速度の変化は水温と圧力でほぼ決まるが，時間的に変動するのは水温の鉛直分布だけである．さらにある海域の水深平均した音波の伝播速度の変化に対して水温鉛直分布はほぼ一位的に決まることが経験的に知られている．すなわち上層に暖かい海水がやってくると，鉛直平均した音波の伝播時間は短くなり，また暖かい海水が逃げて冷水が上昇してくると長くなる．したがって，音波の伝播時間と水温鉛直分布が 1 対 1 に対応するので，音波の伝播時間の時間変動から水温鉛直分布の時間変動，さらに海流の時間変動がわかることになる．現在市販されている IES では 10.25 KHz の音波を 30 分〜6 時間間隔で発信し，受信するシステムが用いられている．

　実際の観測では IES を目的の地点の海底に設置し，一定期間データを得た後，切り離し装置を作動させて，IES を海面に浮上させて回収する．

　図 11-1 は足摺岬沖に係留された IES によって推定された 650 m 深の水温変動と，同じ場所に係留された流速計による水温変動，CTD や XBT 観測により得られた水温変動を比較したものである

が，3者の変動はよく一致していて，IES による水温鉛直分布推定は精度よく行われることがわかる．

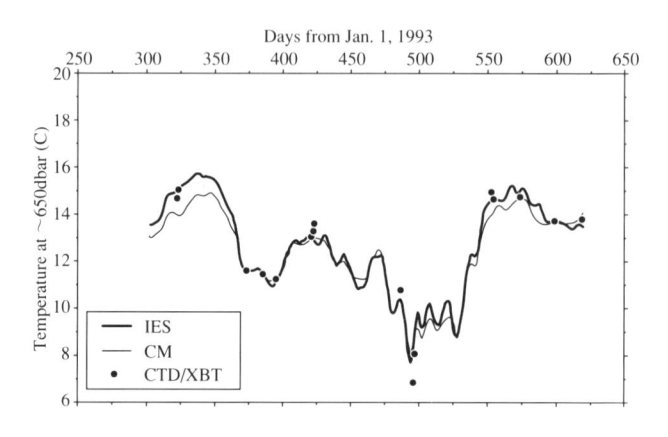

図 11-1 IES による水温変動（太線），流速計による水温変動（細線），CTD/XBT による水温変動（黒丸）の比較（内田ら，2000）．

11-1 二次元

圧縮性の媒質中を伝わる音の位相速度 C は次式で表せる

$$C = (\gamma / \rho K)^{1/2} \qquad (11\text{-}1)$$

ここで $\gamma = c_p / c_v$（c_p は等圧比熱，c_v は等積比熱），ρ は密度，K は圧縮率である．海洋中の音速は主に水温と圧力によって変化する．水温が高いと ρ と K は小さくなり γ は大きくなるので，音速は速くなる．圧力が上昇しても ρ は大きくなり，γ はほとんど変化しないが，K は非常に小さくなるので，音速は速くなる．このため，音速の鉛直分布は約 1,000 m 付近で最小となる（図 11-2）．したがって，この深さ付近で音を出すと，上方，下方に行った音波は屈折して，この層に戻ってきて，図 11-2 に示すように海洋中を蛇行しな

がら,遠くまで伝わる.その意味でこの深さを SOFAR（Sound Fixing and Ranging）channel という.送波器と受波器を SOFAR channel の水深に,遠く離して設置して,音波の伝播記録を得ると,送波と受波間で有限個の音線とそれぞれの伝達時間が,送波器と受波器間の水温分布と深さ分布から計算可能である.実際にはいくつかのパルス音（例えば 50～400 Hz 程度）を送波し,受波の伝達時間から水温分布を逆に推定するという逆問題を解くことになる.

日本海のウラジオストックとウルン島の間で行われた実験により,日本海の極前線の変動を含む南北断面内の水温分布変動がきれいに観測された.

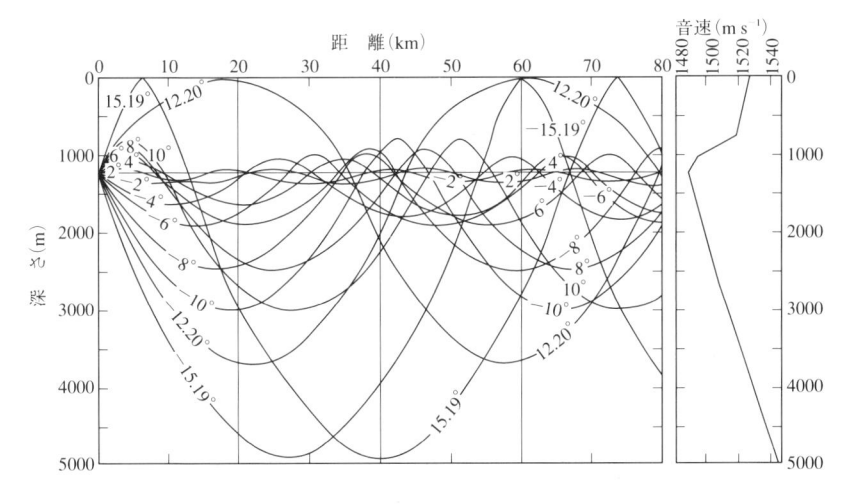

図 11-2　海洋中の音速鉛直分布と音波伝播経路

11-2 三次元

　従来数百 km といった広範囲の三次元水温鉛直分布を観測するためには CTD や XBT を用いた現場観測を繰り返し行うしか方法がなかった．これに対して，図 11-3 に示すように複数個の送波器と受波器を 100 km 程度離して係留し，その間のパルス音波の伝播時間を繰り返し測定することにより，その内部領域の水温鉛直分布の時間変動を明らかにすることが可能である．

　このような音波を使った海洋における水温や流速の二次元，三次元観測方法を音響トモグラフィー（tomography：断層写真撮影）という．

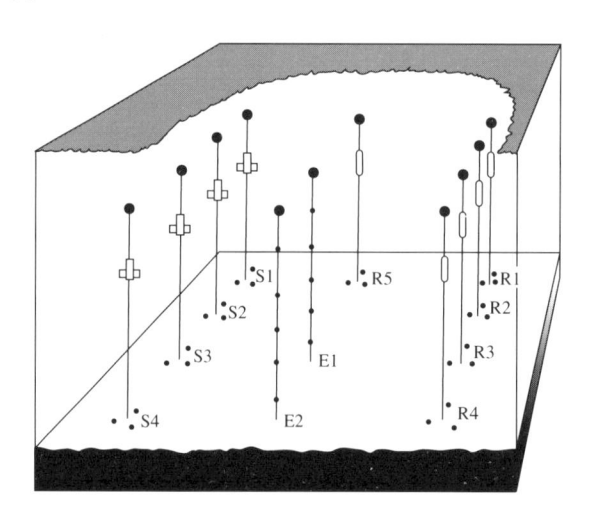

図 11-3　三次元音響トモグラフィーにおける送波器（S）と受波器（R）の配置例

11-3 流速測定

 海中に設置した一組の音響局間を結ぶ側線方向に流れがある場合，流れの方向に伝播する音波とその逆方向に伝播する音波では音響局間の伝播速度が異なり，音響局間で伝播時間差が生じる．このことを利用して，多数の音響局間の伝播時間を精密計測することにより，水平二次元的な流速分布を明らかにしようとするものが，流速音響トモグラフィである．図 11-4 のように水平流速 u が存在す

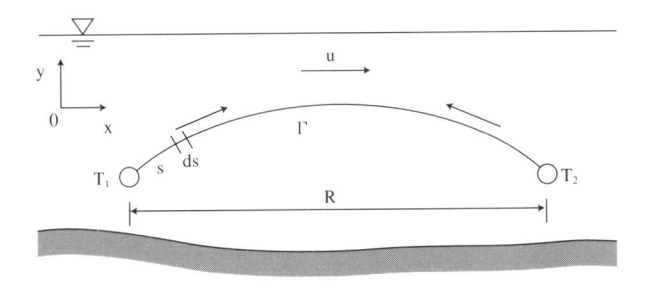

図 11-4 流れ (u) が存在する海水中での音波伝播

る海域で，一組の音響局間を伝播する音波を考える．T_1 から T_2 に向かって経路 Γ に沿って伝播する音波の到達時間を t_1，その反対に伝播する音波のそれを t_2 とすれば，t_1，t_2 は

$$t_1 = \int_\Gamma \frac{ds}{C+u} \qquad (11\text{-}5)$$

$$t_2 = \int_\Gamma \frac{ds}{C+u} \qquad (11\text{-}6)$$

と求めることができる．ここで ds は Γ に沿って取られた微小線分である．T_1 から T_2 までの音線に沿った平均音速と平均流速をそれぞれ C_0，u_0 とし，T_1 から T_2 までの水平距離を R とすると，t_1 と

t_2 は次式で近似できる.

$$t_1 = \frac{R}{C_0 + u_0} \tag{11-7}$$

$$t_2 = \frac{R}{C_0 + u_0} \tag{11-8}$$

（11-7），（11-8）から C_0, u_0 を求めると以下のようになる.

$$C_0 = \frac{R}{2}\left(\frac{1}{t_1} + \frac{1}{t_2}\right) = \frac{R}{T} \tag{11-10}$$

$$u_0 = \frac{R}{2}\left(\frac{1}{t_1} - \frac{1}{t_2}\right) = \frac{C_0^2}{2R} \tag{11-11}$$

$$T = t_1 + t_2, \quad \Delta t = t_2 - t_1$$

式（11-11）より伝播時間差データから音線経路に沿った平均流速を産出できる.

音響局が複数になった場合でも，インバース法を適用することで，複数組の伝播時間差データから水平二次元流速場を推定可能である．さらに，N 個の音響局では $_NC_2$ 組の測線が存在する．$_NC_2$ 本の交差する独立な測線を利用できれば，次式で表す水平距離分解能で流速場を求めることができる.

$$\Delta R = \left(\frac{A}{M}\right)^{1/2} \tag{11-12}$$

ここで，A はトモグラフィ対象海域面積，M は音線の数である.

瀬戸内海西部の海峡部で行われた水平二次元音響トモグラフィーの結果と ADCP 観測結果の比較を図 11-5 に示す（Park and Kaneko, 2000）．両者の結果はよく一致していることがわかる.

11. 音響トモグラフィ　*91*

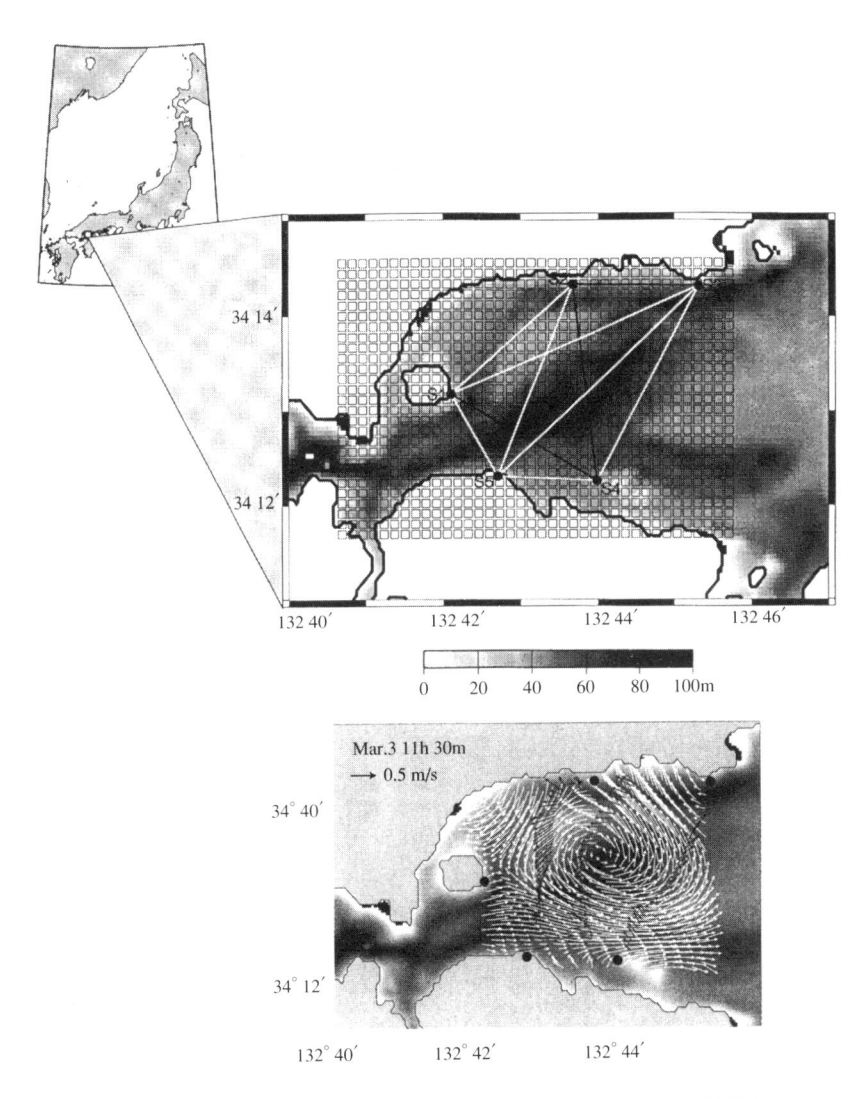

図 11-5　瀬戸内海西部での音響局 (S1−S5) と推定された流速ベクトル (白線) と ADCP による流速ベクトル (黒線) (Park and Kaneko, 2000)

第12章

おわりに

　現在 2001 年 5 月 24 日，長崎大学水産学部練習船「長崎丸」の船上でこの原稿を書いている．本船は 5 月15日に鹿児島県串木野港を出港し，5 月 16 日には 28°10′ N，126°42′ E，水深 266 m の東シナ海陸棚縁上に 4 台の流速計と 12 個の水温計を備えた係留系 1 本を設置した．そして，黒潮流軸に直交するような長さ 90 km の観測線を設定し，この観測線上に 9 km 毎においた観測点で昼間は CTD，濁度，蛍光光度の鉛直分布観測と採水，プランクトン採取を行った．夜間は ADCP を曳航してこの観測線を 1 往復し，流速・流向断面分布を観測した．5 月 17 日から 5 月 22 日までの 6 日間，同様な観測を繰り返し行った．

　この観測は黒潮前線渦の詳細な構造を捉えるために行ったものである．前線渦が黒潮に乗って流下するとすれば，ある観測線に沿って繰り返し得られた水温・塩分鉛直断面分布の時間変動は空間変動に変換可能なはず，という想定のもとに今回の観測計画が立てられた．研究室に帰ってから，本観測で得られたすべてのデータを NOAA の熱赤外画像や SeaWiFS の海色画像と併せて解析することにより，黒潮前線渦がどのような三次元構造をもち，どのような時間・空間変動特性を有していて，その結果，黒潮水と東シナ海陸棚水がどのように交換しているかが明らかになるはずである．

5月19日にはADCPの曳航ケーブルが本船のスクリューにより切断されるという事故が発生したが，長崎丸のオフィサーとクルーの活躍により2時間でケーブルは復旧し，天候にも恵まれて，すべての観測項目を予定通り終了することができた．そして5月23日には海面から音波を送って係留系の切り離し装置を稼働させ，係留系を浮上させて，流速計と水温計を無事回収することもできた．

　回収した流速計と水温計に記憶されていた流向・流速・水温の時間変動記録は船上でノートパソコンを用いて，直ちに計測器のメモリーから呼び出され，データ変換されて，フロッピーディスクに納められ，物理としての今回の観測は終了した．

　この後のデータ処理方法に興味がおありの方は下記の拙著を参照して頂きたい．

　　柳　哲雄（1993）：「海洋観測データの処理法」恒星社厚生閣，
　　113頁

　このようにして現在でもなお，観測船による観測を中心に，様々な観測方法を総合的に活用して，海洋の構造を明らかにしようという研究が続けられている．

　本船はまもなく長崎港に入港する．海洋観測という一つの仕事を無事終えた満足感と，得られたデータから，どのような科学的結果が得られるだろうかという期待感を合わせもちながら，帰港する観測船からぼんやり海を眺めている幸福感は味わったことがある人でないとわからないだろう．

　以上のような現在の海洋観測の全体像を，本書が読者にうまく伝えることができたかどうかは読者の判断にゆだねたい．

なお本書をまとめるに際しては多くの方のお世話になった．本書の構想を立てられ，出版のお世話を頂いた恒星社厚生閣佐竹久男氏と片岡一成氏，原稿を通読して貴重なコメントを頂いた九州大学応用力学研究所今脇資郎教授に深甚なる謝意を表する次第である．

　本書に関してお気づきのことがあれば，著者までご連絡いただければ幸いである．

柳　哲雄
tyanagi@riam.kyushu-u.ac.jp

参考文献

4章

蒲生俊敬（1993）：採水，「海洋調査フロンティアー海を計測する」，海洋調査技術会編，204-214.

中井俊介（1980）：基礎研究のための海洋観測の現状と展望．OCEAN AGE, 1980年6月号, 15-22

5章

鈴木雅美（1993）：海洋気象ブイロボット測器の紹介．気象, 1993年6月号, 36-39.

上井哲也（2000）：運用を始めた漂流型海洋気象ブイ．気象, 2000年9月号, 15-18.

黒田芳史・網谷泰孝（2001）：トライトン：ENSO現象解明を目指す新しい海洋－気象観測ブイネットワーク．海の研究, 10, 157-172.

6章

今脇資郎（1977）：系の振舞と設計，環境科学としての海洋学，（堀部純男編），東京大学出版会, 188-191.

7章

小寺山 亘・中村昌彦・金子 新（1993）：高速曳航体「DRAKE」による海流計測法．センサ技術, 13-9, 77-81.

Kuroda, Y. and H. Mitsudera (1995): Observation of internal tides in the East china Sea with an underwater sliding vehicle. *J. Geophy. Res.*, 100, C6, 10, 801-10, 816.

8 章

Hashimoto, Y., A. Tashiro, T. Shinozaki, H. Ishii and K. Kawatate (2001): Monitoring the ocean current in the Tsushima and the Tokara straits by using submarine cables. Proceedings of the 11th PAMS/JECSS Workshop.

Morimoto, A., T. Yanagi and A. Kaneko (2000): Eddy field in the Japan Sea observed from satellite altimetric data. *J. Oceanogr.*, 56, 449-462.

今脇資郎 (1995)：衛星アルティメター．海の研究, 4, 487-508.

Kawamura, H. and P. M. Wu (1998): Formation mechanism of the Japan Sea Proper Water in the flux center off Vladivostok, *J. Geophys. Res.*, 103, 21611-21622.

才野敏郎 (1993)：人工衛星リモートセンシングと海洋基礎生産．沿岸海洋研究, 31, 129-152.

9 章

Takeoka, H., Y.Tanaka, Y.Ohno, Y.Hisaki, A. Nadai and H. Kuroiwa (1995): Observation of the Kyucho in the Bungo Channel by HF radar. *J. Oceanogr.*, 51, 699-711.

井口俊夫 (1991)：短波海洋レーダの原理.通信総合研究所季報, 37-3, 345-360.

10 章

佐藤　敏 (1997)：水平ドプラー式流況分布測定装置．水路, 20-25.

金子　新・伊藤集通（1994）：ADCPの普及と海洋学の発展．海の研究，3，359-372．

Isobe, A., S. Tawara, A. Kaneko and M. Kawano (1994): Seasonal variability in the Tsushima Warm Current. *Cont. Shelf Res.*, 14, 23-35.

Katoh,O. (1993): Detailed current structure over the continental shelf off the San'in coast in summer. *J. Oceanogr.*, 49, 1-16.

Candela, J., R. C. Bearsley and R. Limburner (1992): Separation of tidal and subtidal currents in ship-mounted acoustic Doppler current profiler observation. *J. Geophys. Res.*, 97, 769-788.

Yanagi, T., K. Tadokoro and T. Saino (1996): Observation of convergence, divergence and sinking velocity at a thermohaline front in the Kii Channel, Japan. *Continental Shelf Res.*, 16, 1, 319-1,328.

11章

内田　裕・今脇資郎・馬谷紳一郎・鹿島基彦・市川　洋・中村啓彦（2000）：日本南岸の黒潮の観測．月刊海洋，32，492-503．

Park, J. H. and A. Kaneko (2000): Assimilation of coastal acoustic tomography data into a barotropic ocean model. *Geophy. Res. Letters*, 27, 3, 373-3,376

日本語索引

あ 行

- 圧力式検潮器 ... 34
- アルゴ計画 ... 41
- アルゴス衛星 ... 38
- アンビリカル ... 56
- 宇田道隆 ... 16
- 曳航体 ... 53, 79
- エクマンバージ ... 26
- HF レーダー ... 67
- 遠隔計測 ... 11, 59
- 塩分水温水深計 ... 23
- ORI ネット ... 27
- オーブコム ... 38
- 音響ドップラー流速分布計 ... 12, 73
- 音響トモグラフィー ... 88

か 行

- 海色計 ... 63
- 海中ロボット ... 55
- 観測塔 ... 36
- 観測層厚 ... 75
- 気候変動とその予測可能性 ... 7
- 北原式採水器 ... 24
- 北原式ネット ... 27
- 北原多作 ... 16
- 急潮 ... 71
- 狭帯域ADCP ... 76
- 切り離し装置 ... 46
- グラブ型採泥器 ... 26
- 係留系 ... 45
- 係留ブイ ... 37
- Case I 水 ... 63
- Case II 水 ... 63
- ケブラーロープ ... 48
- 懸濁物質 ... 63
- 検潮所 ... 33, 35
- コアーサンプラ ... 26
- 合成開口レーダー ... 62
- 広帯域ADCP ... 76
- 国際地圏生物圏研究計画 ... 7

さ 行

- 三竿分度器 ... 20
- 自航式海中ロボット ... 55, 56
- 受動型センサー ... 59, 63
- 水温水深計 ... 23
- 水中自動昇降装置 ... 50
- スミス・マッキンタイヤ採泥器 ... 26
- スリック ... 62
- 世界海洋循環実験 ... 7
- セディメントトラップ ... 49
- 全球海洋フラックス共同研究 ... 29
- 全球測位システム ... 20
- 双曲線航法 ... 19
- 測位 ... 19

た 行

- 短波海洋レーダー ... 67
- チャレンジャー号 ... 13
- 柱状採泥器 ... 26
- 潮流成分除去法 ... 84

直接計測 …… 11	ブラッグ散乱共鳴 …… 67
使い捨て水温水深計 …… 19	プラットフォーム …… 59
津波 …… 33	プランクトンネット …… 18, 27
電位差 …… 65	
伝導度水温水深計 …… 17	ま 行
投下式伝導度水温水深計 …… 24	マイクロ波 …… 59
倒立音響測深器 …… 85	マイクロ波散乱計 …… 61
篤志観測船 …… 19	丸特ネット …… 27
ドレッジ型 …… 26	メッセンジャー …… 26
	メテオール号 …… 15
な 行	
内部波 …… 54	や 行
ナンセン型転倒採水器 …… 25	柳 楢悦 …… 16
ニスキン型採水器 …… 25	有義波 …… 71
日本海洋データセンター …… 34	有索海中ロボット …… 55
ネット …… 27	有色溶存有機物質 …… 63
能動型センサー …… 59, 60	より戻し …… 47
ノルパックネット …… 27	
	ら 行
は 行	リモートセンシング …… 11, 59
バンドン採水器 …… 24	六分儀 …… 20
漂流型海洋気象ブイ …… 39	ロゼット採水器 …… 18, 25
漂流ブイ …… 39	
ファラデーの法則 …… 63	わ 行
VHFレーダー …… 71	和田雄治 …… 16
プテロア 150 …… 57	ワッチ …… 19

英語索引

A
active sensor ……… 59
ADCP ……… 12, 73, 76
ADEOS ……… 61
ALACE ……… 39
Argo ……… 43
AVHRR ……… 63

B
bin ……… 76
bin number ……… 73
BT ……… 23

C
CDOM ……… 63
CLIVAR ……… 7
CTD ……… 17, 23

D
DGPS ……… 22
direct sensing ……… 11
DRAKE ……… 53, 81

E
EIKO ……… 81

F
FRP ……… 79

G
GEK ……… 65
GPS ……… 20

I
IES1 ……… 85
IGBP ……… 7
INMARSAT ……… 79

J
JGOFS ……… 29
JODC ……… 34

K
Kevlar rope ……… 48

L
LADCP ……… 83

M
mooring line ……… 45

N
NNSS ……… 20
NOAA ……… 63
NSCAT ……… 62

O
ORI ……… 27

P

PALACE 41
passive sensor 59
platform 59

R

releaser 46
remote sensing 11, 59
ROV 55

S

SeaWiFS 63
sediment trap 49
SOFAR 87
SS 63
STD 23
swible 47

T

Tide Gauge Station 33

tomography 88
TRITON 38
TRMM 62

U

Umbilical 56

V

von Arx 65
VOS 19

W

watch 19
WOCE 7

X

XBT 19
XCTD 24

著者紹介

柳 哲雄（やなぎ てつお）

1948年，山口県生まれ
1972年，京都大学理学部卒業．理学博士．
現在，九州大学応用力学研究所・力学シミュレーション研究センター教授．専攻は沿岸海洋学．「La mer」編集委員，日本海洋学会・日仏海洋学会評議員などをつとめる．

海洋観測入門（かいようかんそくにゅうもん） 2002年2月15日 初版	著 者　柳　哲雄（やなぎ てつお） 発行者　佐竹久男 発行所　恒星社厚生閣 　　〒160-0008　東京都新宿区三栄町8 　　TEL 03(3359)7371 　　http://www.kouseisha.com/ 興英印刷・風林社塚越印刷

ISBN4-7699-0958-6　C3044
定価はカバーに表示にしてあります

海洋の実像

海の科学 [第2版]
—海洋学入門

柳 哲雄 著
A5判/138頁/上製/本体1,900円
7699-0926-8 C0044/009-00039-00

海洋学入門書として好評を博した旧版に，近年の国際共同研究によって明らかにされた最新知見を加えた新版。海の誕生からの歴史，海底の構造や海水の物性，海流，潮汐，生物など海洋を多角的に解説。加えて地球温暖化や海洋汚染など近年関心の高い問題にも論及。

沿岸海洋学 [第2版]
—海の中でものはどう動くか

柳 哲雄 著
A5判/156頁/上製/本体2,500円
7699-0954-3 C3044/009-00046-00

沿岸海洋学の基礎をなす物理的な観点から，沿岸での諸物質の振舞い，物質輸送（機構）を定量的に明らかにする。潮流，密度流，吹送流，拡散・分散，数値生態モデルなどについて解説し，環境変化の予測に有効な数値シミュレーションに必要となる様々な基礎知識を整理する。

海洋観測データの処理法

柳 哲雄 著
A5判/114頁/並製/本体2,140円
7699-0743-5 C1044/009-00030-00

海洋資源を利用するためには海洋の性質を理解せねばならないし，またそのためには水温・塩分・流向・流速・生物密度など多くのデータを得なければならない。本書はそれらの生のデータの中から我々が必要で適確なデータを得るための処理法を具体的に解説する。

潮目の科学
—沿岸フロント域の物理・化学・生物過程

柳 哲雄 編
A5判/172頁/上製/本体2,720円
7699-0688-9 C3044/009-00006-00

沿岸海域の最も複雑な現象は潮目（潮境，フロント域）で観察され，またそこには好漁場が形成され，古くから関心を集めていた。本書では潮汐フロント，熱塩フロントなどの生成維持機構を明らかにし，物質集積の場でもある潮目で起る様々な物理・化学・生物現象を探究する。

瀬戸内海の生物資源と環境
—その将来のために

岡市友利・小森星児・中西 弘 編
A5判/276頁/上製/本体3,500円
7699-0826-1 C3040/009-00036-00

瀬戸内海沿岸は3,000万人の人口を有し，工業生産額は90兆円の規模を誇っている。自然景観と生物資源の宝庫でもある，この閉鎖性海域の環境問題と調和のとれた開発をテーマに，水産・工学・経済・法律などを関連研究者が提言する瀬戸内海の未来像。

赤潮の科学 — 第二版

岡市友利 編
B5判/338頁/上製/本体8,000円
7699-0851-2 C3060/009-00038-00

1987年刊行し好評を拍した旧版に，赤潮生物の生活史・有毒プランクトンのシスト発見・赤潮と水中ウィルス細菌の相互作用など，その後の赤潮に関する研究の成果を追補。10年間に蓄積された優れた研究を充分に取り込み，かつ，新知見を増補解説。

表示定価は消費税を含みません。

恒星社厚生閣